SDGs 系列講堂

全球氣候變遷

從氣候異常到永續發展目標，
謀求未來世代的出路

InfoVisual 研究所／著

童小芳／譯

目次

SDGs 系列講堂
全球氣候變遷

Part 2 地球氣候系統的運作機制

Part 1 氣候系統變遷所引發的 12 件事

人類所引起的
地球最大危機：氣候變遷

如果現在不立即採取對策，恐為時已晚，為了守護未來，連孩子們都挺身而出了。

2018年，一名瑞典女孩所發起的行動，在世界各地掀起了漣漪。當時才15歲的格蕾塔・童貝里，高舉寫著「為氣候罷課」的標語牌，開始到瑞典的國會議事堂前面靜坐。

氣候變化即將招來人類史上最大的危機，成年人卻毫無作為。不能再把我們的未來交付給這些大人了——。

出於這樣的想法，格蕾塔每週五都會向學校請假，到國會前表達應對氣候變遷做出對策的訴求，而世界各地的孩子與年輕人都對她的呼籲產生共鳴。她以「星期五救未來（Fridays for Future）」為口號，透過社交媒體集結各方有志之士，紛紛於各地發起了罷課活動。支持者隨之增加，2019年9月20日於世界各地同時發起了全球氣候遊行，一共有161個國家約400萬人響應，成為了史上最大的氣候罷課活動。

格蕾塔獨自發起的活動打動了世界各地人們的心，她開創了一個契機，讓大家認真去思考氣候變遷這個原本被認為還遙不可及的問題。

地球自46億年前誕生以來，由於不斷重複著緩慢地變化，因此才能夠一直維持著氣候的平衡。而這樣的平衡持續到英國展開工業革命的18世紀後半葉左右，才被破壞。人類開始挖掘早在幾億年以前就封存於地層之中的煤炭與石油，將其當成燃料大量燃燒。誰都沒有預料到，這些舉動會引發「改變地球的氣候」這般嚴峻的事態。

在1970年代後半至1980年代，人們開始察覺到地球正在變暖，但要到1990

年代才漸漸明白，這種被稱為「地球暖化」的現象，是因為人類的產業活動造成二氧化碳（CO_2）等溫室氣體增加所致。

　　如果CO_2再以這樣的速度繼續增加，地球會變得愈來愈暖和，最終將導致北極與南極的冰層融化、作物因乾旱而歉收，連動物都無法生存。儘管距今約30年前就已經有人做出這般悲觀的預測，但時至今日，發電廠與汽車等仍持續排放著大量的CO_2。

　　以格蕾塔為首，世界各地的孩子及年輕人之所以發出怒吼，正是這個緣故。如果再這樣不採取任何對策，讓暖化的情況逐漸持續下去，等之後察覺不妙時，就再也無計可施了。不得不在那樣的未來中求生存的，正是現在的年輕世代。

　　氣候變遷是一個龐大的難題，以至於連聯合國都將其列為「永續發展目標（SDGs）」之一。本書則利用圖解並淺顯易懂地解說這個過於龐大而複雜的問題。追根究柢，氣候究竟是什麼？如今正如何持續變化？還有，人類面對氣候變遷又能夠做些什麼呢？讓我們一起來一探究竟吧。

現在仍持續惡化的地球氣候變遷是我們人類的問題

氣候變遷有何問題？

地球的氣候變遷如今已然成為一個龐大的問題。所謂的「氣候」，是指在很長一段

1 全球的氣溫上升

溫室氣體增加，
地球持續暖化

詳見
p34 ～ 35

象徵氣候變遷的異常變化之一，便是氣溫的上升。根據IPCC（政府間氣候變遷專門委員會）的第5次評估報告書所示，世界平均氣溫在1880年至2012年期間上升了0.85℃，意味著地球正逐漸變暖。此現象即稱為「地球暖化」。

一般普遍認為，地球暖化的原因在於二氧化碳（CO_2）等溫室氣體（詳見p16～17）持續增加。由於燃燒煤炭或石油等而使得CO_2大量排放至空氣之中。據說如果再繼續暖化下去，整個氣候系統將會產生變化，對自然環境與人們的生活造成極為嚴重的影響。

暖化對我們所有生物而言是一種威脅。

期間內針對某個地區所觀察到的平均大氣狀態。大氣狀態與海洋、陸地與冰雪等息息相關且會隨之變化，因此將這些視為同一個系統，稱為「氣候系統」。

觀察地球漫長的歷史便可得知，氣候並不是恆定的，而是以約10萬年這樣相當長的週期，由寒冷期與溫暖期不斷交替出現。這是在某種自然力量的作用下，氣候系統緩慢變化而來的結果。然而，一般認為，如今引發問題的氣候變遷並非自然的變化，而是人類所引起的。人類的活動在短期間內改變了氣候系統。

這種氣候變遷所引發的現象涉及範圍甚廣，這裡就縮減成12項要點來逐一探究吧。每一項的詳細解說請參照Part 3的對應頁面。

2 異常氣象漸成日常
原本極為罕見的氣象現象頻繁發生

詳見 p36～37

大約30年才發生1次的罕見氣象現象即稱為「異常氣象」。比方說，2018年的夏天，日本的東日本與西日本分別經歷了破紀錄的酷暑，許多地區都刷新了氣溫觀測史上的最高氣溫。此外，隔年的2019年冬天，往年都會大量降雪的日本海一側卻持續暖冬，降雪量破天荒地持續減少。

這類異常氣象並不僅僅發生在日本，世界各地都有這樣的情況，而且不是「偶爾」出現，而是頻繁地發生。異常氣象已經不再是「異常」，而是逐漸成為日常。一般認為這也是地球的氣候系統正以異於往常的方式運作所致。

3 傳染病風險提高

詳見 p58～59

**受到地球暖化的影響，
全球傳染病發生區域性的變化**

新型冠狀病毒的全球大流行讓我們重新認識傳染病的可怕。在傳染病當中，也有像瘧疾或登革熱這類透過棲息於熱帶地區的蚊子攜帶病原體來傳播的。一般預測，如果氣候變遷導致地球繼續暖化，熱帶性蚊子可棲息的地區將更為廣大，傳染人數也很可能隨之增加。日本目前雖然並非瘧疾或登革熱的盛行地區，但難保不久後的將來是否也能如此。

4 熱浪侵襲都市

詳見 p38～39

**超過體溫的高溫持續，
將擴大都市環境所受到的損害**

2003年侵襲歐洲的熱浪帶來創紀錄的高溫，估計因中暑或熱衰竭等奪走了約7萬多條人命。此後，歐洲仍屢屢受到熱浪侵襲。美國、印度、巴基斯坦與澳洲等地也相繼遭受同樣的災害。

頻頻發生的熱浪也是氣候變遷造成的。不僅如此，都市化使人造建築物與鋪面道路增加，導致氣溫進一步上升而使得損害逐漸擴大。

5 糧食產地北移

產地會隨著氣候變化而改變，將會影響到全球的農業

詳見 p52～53

提及氣候變遷的影響，首當其衝的產業便是農業。不同種類的農作物所適合的栽培氣候也各不相同，因此，一般預測一旦全球氣溫因氣候變遷而上升，農作物的生產分布圖也會隨之改變。

問題最大的便是作為主食的穀物。如果再繼續暖化，在此之前不產穀物的地區很可能會開始盛產，另一方面，原本的產地反而會面臨歉收。產地將逐漸轉移至緯度較高的地區（以北半球來說是北移）。

6 世界各地都開始缺水

氣溫上升所造成的乾旱與人類的活動是造成缺水的原因

詳見 p48～49

地球上原本就有一些地區降雨量大，而有些地區則很少降雨。如果因為氣候變遷造成氣溫上升，雨量較少的乾燥地區將會愈來愈乾燥，進而陷入嚴重的缺水困境。非洲的乾旱已經持續好幾年，飲用水與農業用水皆已短缺。

不僅如此，人口增加、工業化造成水質汙染、超抽地下水等人類所引發的各種問題都進一步加速水資源的短缺。

冰層融化導致海平面上升 ⁞⁞⁞⁞⁞▶

詳見 p54～55

冰層與冰河融化入海，沿海都市將沒入水中

最容易受到地球暖化影響的便是地球上的冰層。一旦氣溫上升，南極與格陵蘭島上的冰層、高原上的冰河等將會融化並流入海中。此外，海水還會因為氣溫上升而膨脹，最終導致海平面上升。

一旦海平面上升，海水就會流入海拔較低的地區。一般預測，倘若海平面上升1m，日本將會失去9成以上的海灘，東京與大阪的沿海地區也將會沒入水中。

世界各地水災頻仍 ⁞⁞⁞⁞⁞⁞⁞⁞⁞⁞▶

詳見 p46～47

地球上的水循環發生變化，颱風與洪水造成的損害增加

近年來，日本因豪雨或大型颱風所造成的災害日益增加。同樣的，世界各地也是水災連連，美國有大型颶風，歐洲與中國則因豪雨引發大洪水等。

一般認為其原因在於地球暖化造成海水溫度上升而水蒸氣增加。此外，森林的砍伐、水壩的建設與都市瀝青化等，造成水不再自然地循環，也是擴大災情的其中一個原因。

9 生態系統遭到破壞 |||||||||||||||||▶

無法適應氣候的變化，
使許多物種面臨絕種的危機

詳見
p56～57

無尾熊

持續的乾旱釀成森林火災，造成
許多無尾熊受傷且失去棲息的森
林。必須採取更進一步的保護行
動

大熊貓

目前估算的物種個體數不
到 2,000 頭。氣候變遷將會
導致其棲息地的特殊竹林消
失，以那些竹子為食的熊貓
正瀕臨絕種

北極熊

一般預測，到了 21 世紀中葉，對
於北極熊生存所不可或缺的夏季
海冰將會消失 42％，導致其個體
數驟減

綠蠵龜

暖化造成的氣溫變化打亂了綠
蠵龜的生殖平衡，使得繁殖更
加困難

蘇門答臘猩猩

一般預測，暖化所造成雨量增
加，將會導致熱帶叢林果實的
生長狀況惡化，對牠們的生存
造成嚴重影響

雪豹

個體數因盜獵等原因而減
少，暖化則造成高山環境
惡化，進一步加快減少的
速度

非洲象

人類為了採集象牙所進行
的盜獵導致其個體數減
少，而暖化造成闊葉林乾
枯則使其棲息領域縮小

氣候變遷會對地球上所有生物造成莫大的影響。為了適應棲息地的環境，動物與植物都投注了漫長的時間進化至今。然而，一旦氣溫上升，不耐暑熱的生物就不得不往北遷移。生物的分布將會與至今為止的有所不同。

如今已經有許多生物因為人類濫捕與破壞大自然等而面臨絕種的危機，如果再受到氣候變遷的影響，絕種的風險恐怕會愈來愈高。

Part 1

11

10 氣候催生出新的南北問題 ▶

詳見 p62～63

將會有國家因暖化而受益，也會有國家蒙受損失

世界上有經濟富裕的國家與貧困的國家之分，以地圖來看，富裕的國家多位於北方，貧困的國家則集中於南方。因此兩者之間的經濟差距又被稱為「南北問題」，然而，據說氣候變遷將會催生出新的南北問題。

比方說，位於北方的國家將會因為暖化而開始獲得豐富的農作物。另一方面，南方的國家則面臨愈來愈嚴重的缺水與糧食短缺。由於暖化所導致的這些現象，將有可能衍生出受益的國家與受害的國家。

11

「氣候難民」於焉而生

詳見 p64～65

異常氣象與自然災害將導致流離失所的人遽增

受到氣候變遷的影響，近年來自然災害頻仍，失去家園的人日益增加。一般普遍認為，往後將有愈來愈多人因為颱風、季風、森林火災、乾旱與洪水等異常氣象而被迫避難或移居他處。

尤其是在較容易受到暖化影響的乾燥地區裡，有許多是開發中國家，原本就存在貧困與紛爭等問題，很可能因此衍生出數量龐大的「氣候難民」，各國都必須做好接納難民的準備。

12

世界經濟崩潰

詳見 p68～69

氣候變遷將會以各種形式對經濟造成損失

氣候變遷也會影響到人們的生活與經濟。當氣溫上升，生產力也會因為炎熱而下降。乾旱或洪水則會重創農業，導致糧食短缺。此外，一旦發生重大災害，災後修復的費用將會相當可觀。

氣候變遷將會以這樣的形式直接打擊世界經濟，另有一些估算顯示，到2030年為止，全世界將會出現高達250兆日圓的損失。更有甚者，地區之間的差距恐怕也會因為氣候變遷而愈來愈大。

13

地球的氣候是由一套絕妙的系統維持著平衡

孕育出氣候的氣候系統

為了理解氣候變遷，Part 2 就讓我們一起來看看氣候是如何產生的吧。「氣象」是

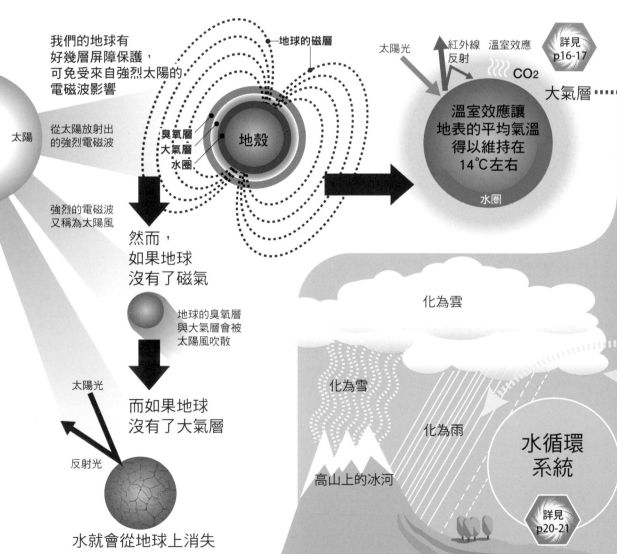

我們的地球有好幾層屏障保護，可免受來自強烈太陽的電磁波影響

地球的磁層

太陽

從太陽放射出的強烈電磁波

臭氧層
大氣層
水圈
地殼

強烈的電磁波又稱為太陽風

太陽光
紅外線 溫室效應
反射
CO₂

大氣層

溫室效應讓地表的平均氣溫得以維持在14℃左右

水圈

詳見 p16-17

然而，如果地球沒有了磁氣

地球的臭氧層與大氣層會被太陽風吹散

而如果地球沒有了大氣層

太陽光

反射光

水就會從地球上消失

地球會變成表面溫度為 −19℃ 且乾燥的岩石行星

化為雲

化為雪

化為雨

高山上的冰河

水循環系統

詳見 p20-21

我們的地球是透過水循環與大氣中二氧化碳的溫室效應來維持讓生物得以生存的絕妙平衡

和氣候極其相似的詞彙，不過氣象指的是每一天的天氣。相對來說，氣候則是累積氣象紀錄後取其平均值，應該也可以說是某個地區在長期間（大約30年）內的平均大氣狀態。

　　地球的大氣狀態是由各種系統交互作用所決定的。如下方插畫所示，除了大氣循環系統外，另有在海中運作的海水循環系統、橫跨大氣、海洋與陸地的水循環系統，以及連結生物圈與自然界的碳循環系統等，彼此錯綜複雜地交互作用。孕育出氣候的這些系統即統稱為「氣候系統」。臭氧層會吸收對生物有害的紫外線，氣懸膠體（各種粒子物質）則是懸浮於大氣之中，這些都是會影響氣候系統的重要要素。

控制地球的氣候並孕育生命的「地球系統」

臭氧層

大氣循環系統

詳見 p18

暖空氣會流往較冷的地區

冷空氣會下沉

冷空氣會流往較暖的地區

暖空氣會上升

碳循環系統

詳見 p22-23

CO_2

為河川歸大海

海水循環系統

詳見 p19

部分二氧化碳會被海洋吸收

溫暖的海流

CO_2

冰冷的海流

因溫室氣體而
使地球升溫的機制

往地球傳送熱能的電磁波

太陽的能量驅動著地球的氣候系統。太陽的表面溫度高達約6000℃，但是熱能並不會直接傳遞至地球，而是由含有熱能的物質以能量的形式釋放出電磁波。該電磁波接觸到其他物質時，就會因為震動而產生熱能。太陽的熱能會以可見光與紫外線等電磁波的形式放射出來，並傳送至距離約1億5000萬km遠的地球。如此一來，地球就會變得溫暖，而含有熱能的地表也會釋放出一種電磁波，即紅外線。

換言之，來自太陽的電磁波大部分都會被反射回宇宙，在這樣的情況下，地球的氣

從表面溫度6000℃的太陽釋放出的電磁波＝太陽光＝可見光，是維持地球溫暖的要素

所有物體都會根據其所含的
溫度釋放出電磁波。
紅外線也是其中一種

一般都用
紅外線熱成像儀
來測量紅外線

我們的身體也
會發出紅外線

較具代表性的溫室氣體

CO_2
二氧化碳

來自地表的紅外線會
震動二氧化碳的分子

產生熱能

紅外線

放射出
紅外線

再度放射出
紅外線

電磁波會晃動
地球表面物質
的基本粒子
而產生熱能

紅外線
波長較長的電磁波

使地表變暖

地表升溫後
會放射出紅外線

地表會升溫，平均約為14℃

溫推估只有-19℃左右。

　　然而，事實上地球地表的平均氣溫約為14℃。這33℃的落差便是所謂的「溫室效應」所造成的。

維持地球氣溫的溫室氣體

　　地球的大氣之中挾帶著水蒸氣、二氧化碳（CO_2）、甲烷與氟氟烴等。這些「溫室氣體」會吸收從地表釋放出來的紅外線，並再度送回地表。因此，就好比在地球上嚴實地覆蓋一層毛毯，溫暖了地表，讓氣溫維持在生物宜居的14℃左右。

　　然而，自18世紀後半葉發起工業革命以來，人類開始燃燒煤炭與石油，從此大氣中的CO_2含量急速增加，加劇了溫室效應。據說這是氣候變遷最主要的原因。

地球的大氣與溫室效應的機制

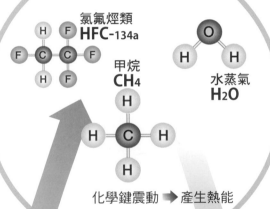

二氧化碳以外的
溫室氣體

氟氟烴類
HFC-134a

甲烷
CH_4

水蒸氣
H_2O

化學鍵震動 ➡ 產生熱能

一般認為**地球暖化**的主要原因在於這些溫室氣體的濃度上升而導致地球變得過於溫暖

詳見 p32-33

再次放射出紅外線

再次從地表
放射出紅外線

地表升溫

地球就是這樣
逐漸變得溫暖

地球的氣候系統是
巨大的熱能分配裝置

透過大氣的循環來分配太陽能

地球會將從太陽接收的熱能轉化為能量，以此來驅動氣候系統，不過地球呈球體，距離太陽幾乎直角照射的赤道愈近，熱能就愈多而氣溫愈高。反之，距離太陽斜照的極地（北極·南極）愈近，則氣溫愈低。

大氣循環系統會試圖調整這樣的溫差而發揮作用。地球的大氣會讓熱能從氣溫高的地方往氣溫低的地方移動。然而，其運作因為地球持續自轉而變得複雜。赤道附近的暖空氣會上升，分別往南北兩側推進，把熱能運至中緯度地區後，便會下沉並流回赤道附近。這道返回赤道的氣流即為信風。運至中

大氣會試圖將熱能
平均分配至整個地球

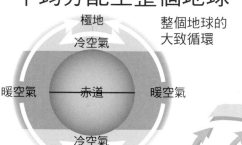

極地
冷空氣

整個地球的
大致循環

暖空氣　赤道　暖空氣

冷空氣
極地

在地表上的循環

冷空氣

暖空氣

這樣的結果驅動著
大氣循環系統

極地東風
冷風流往中緯度地區，
升溫後再流回極地

偏西風
流往中緯度地區的風有一部分
因為柯氏力而成為偏西風

一般認為，
正是因地球暖化
而導致這樣的
大氣循環變化與
氣候變遷的發生

北回歸線

東北信風

❷

❸

赤道

間熱帶輻合帶

❶

東南信風

南回歸線

偏西風

信風的形成機制
❶氣流在赤道附近升溫而上升
❷流往較冷的中緯度地區後，因降溫而下沉
❸流回較暖的赤道附近，此時形成的風即為信風

信風方向會彎曲是
柯氏力造成的

地球
持續旋轉著

風是從A地
吹往B地

但是B地會
往旋轉方向
移動

所以風
看起來是
彎曲的

這種現象即稱為柯氏力

緯度地區的熱能會因為偏西風送往高緯度地區。極地的冷空氣也會循環，從高緯度地區接收熱能。大氣中的熱能便是透過這樣的循環來進行分配的。

1000年規模的海洋大循環

不僅限於大氣，海洋中的水也會循環。有些海流是因風吹動所形成，有些則是因水溫或鹽度差異而引起。後者是北極或南極附近的冰冷海水變重而下沉至深層，在不斷移動中又返回表層，花了1000～2000年的時間循環世界海洋一周。這樣的海洋大循環緩和了冰冷海水與溫暖海水之間的溫差。然而，有一說法指出，地球暖化很有可能導致冰冷而較重的海水減少而削弱了循環。

海水循環系統
海水也會從低緯度流往高緯度地區，發揮運送地球熱能的作用

一般認為，這樣的海水循環也因為地球暖化而產生變化，並已引發氣候變遷

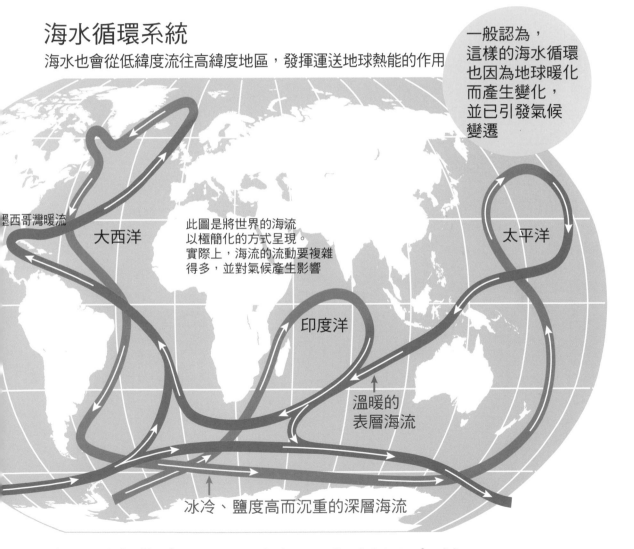

墨西哥灣暖流

大西洋

此圖是將世界的海流以極簡化的方式呈現。實際上，海流的流動要複雜得多，並對氣候產生影響

太平洋

印度洋

溫暖的表層海流

冰冷、鹽度高而沉重的深層海流

海洋較淺處的溫暖海水與較深處的冰冷海水已循環了約2000年

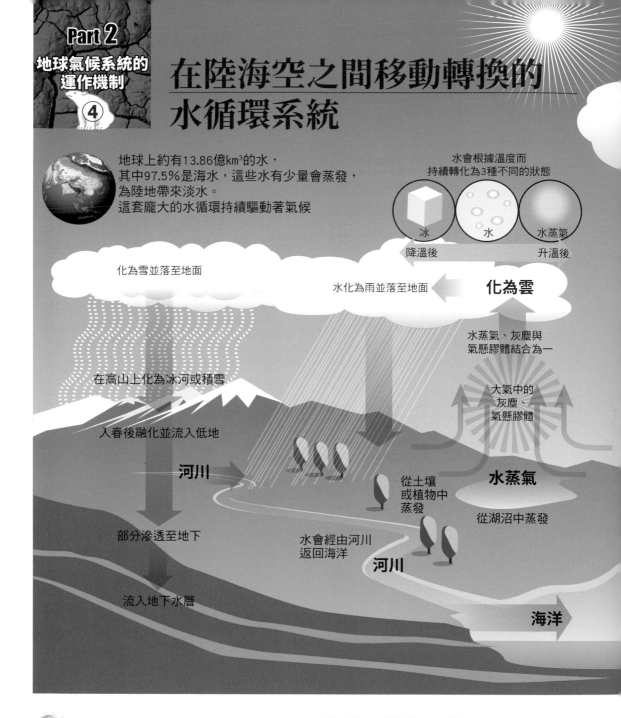

Part 2
地球氣候系統的運作機制
④

在陸海空之間移動轉換的水循環系統

地球上約有13.86億km³的水，
其中97.5%是海水，這些水有少量會蒸發，
為陸地帶來淡水。
這套龐大的水循環持續驅動著氣候

水會根據溫度而持續轉化為3種不同的狀態

冰　　水　　水蒸氣

降溫後　　　　升溫後

化為雪並落至地面

水化為雨並落至地面　　　**化為雲**

化為雲

水蒸氣、灰塵與氣懸膠體結合為一

在高山上化為冰河或積雪

大氣中的灰塵、氣懸膠體

入春後融化並流入低地

從土壤或植物中蒸發

水蒸氣

河川

從湖沼中蒸發

部分滲透至地下

水會經由河川返回海洋

河川

流入地下水層

海洋

在自然界中移動的水

　　海水並不只會在海洋當中循環，另有一個橫跨陸海空的龐大水循環系統。

　　地球上約有14億km³的水，不過其中約97.5%都在海中，其餘則分布於河川、湖泊、冰層、冰河與地下等處。水的總量雖說幾乎是固定的，但並非總是停留在同一個地方。水的型態不僅限於液體，還會轉換成固體（冰）或氣體（水蒸氣），持續在地球上移動。

水滴匯聚形成雲層

　　海洋或河川等處的水升溫後會蒸發，化作水蒸氣並上升。這些水蒸氣到了高空會冷卻而形成雲層，再降下雨或雪。雨或雪會滲透地面，一部分形成地下水，另一部分則化為泉水並注入河川，最後回歸大海。隨後再

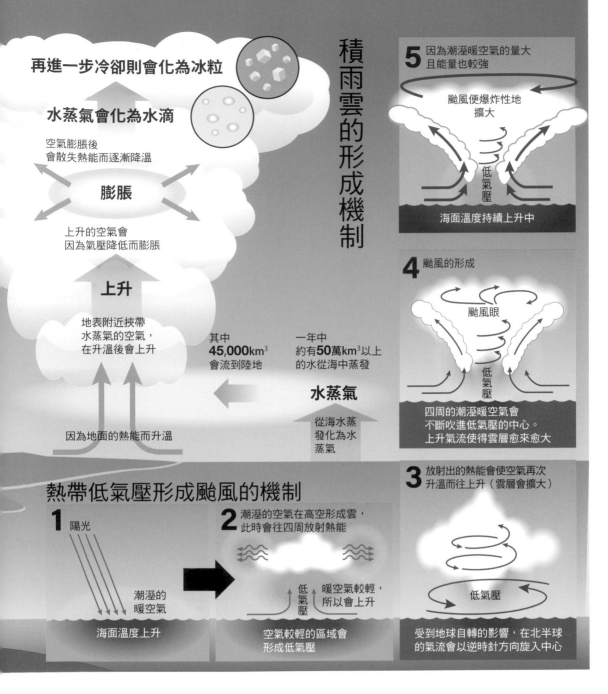

積雨雲的形成機制

再進一步冷卻則會化為冰粒

水蒸氣會化為水滴

空氣膨脹後
會散失熱能而逐漸降溫

膨脹

上升的空氣會
因為氣壓降低而膨脹

上升

地表附近挾帶
水蒸氣的空氣，
在升溫後會上升

因為地面的熱能而升溫

其中
45,000km³
會流到陸地

一年中
約有**50萬**km³以上
的水從海中蒸發

水蒸氣

從海水蒸
發化為水
蒸氣

5 因為潮溼暖空氣的量大
且能量也較強

颱風便爆炸性地
擴大

低氣壓

海面溫度持續上升中

4 颱風的形成

颱風眼

低氣壓

四周的潮溼暖空氣會
不斷吹進低氣壓的中心。
上升氣流使得雲層愈來愈大

3 放射出的熱能會使空氣再次
升溫而往上升（雲層會擴大）

低氣壓

熱帶低氣壓形成颱風的機制

1 陽光

潮溼的
暖空氣

海面溫度上升

2 潮溼的空氣在高空形成雲，
此時會往四周放射熱能

低
氣
壓

暖空氣較輕，
所以會上升

空氣較輕的區域會
形成低氣壓

受到地球自轉的影響，在北半球
的氣流會以逆時針方向旋入中心

次重複同樣的循環。

　　雲在這套水循環系統中也發揮著莫大的作用。如上方插圖所示，水蒸氣會附著在空氣中的灰塵上並往上升。愈接近高空，氣壓就愈低，換句話說，來自四周的壓力會減弱，於是挾帶水蒸氣的空氣會向外推而膨脹。膨脹會消耗能量，所以溫度會下降，水蒸氣便改變型態轉化為水滴。這些水滴匯聚後所形成的便是雲。當雲中的水滴增加，就

會互相碰撞而形成大水滴，再也承受不住重量後，便化為雨水落下。如果此時高空的溫度較低，水滴就會結冰而形成雪。

碳元素連結起生物圈與自然界並持續循環

互相交換 CO_2 的動植物

二氧化碳（CO_2）是一種溫室氣體，發揮著溫暖地球的作用，是由1個碳原子與2個氧原子連結而成的碳化合物。碳和氧、氫一樣，都是維持生命不可或缺的原子，它們會改變型態轉化為糖、澱粉與蛋白質等各種碳化合物，持續在自然界中循環。

此即所謂的「碳循環」，而在這個循環中發揮重大作用的就是植物。植物是透過光合作用將大氣中所含的 CO_2 轉化為糖或澱粉而得以成長；食用植物的動物則是經由呼吸吐出 CO_2，壽終正寢後會遭微生物分解，最終還是化為 CO_2 返回大氣之中。同樣的，海

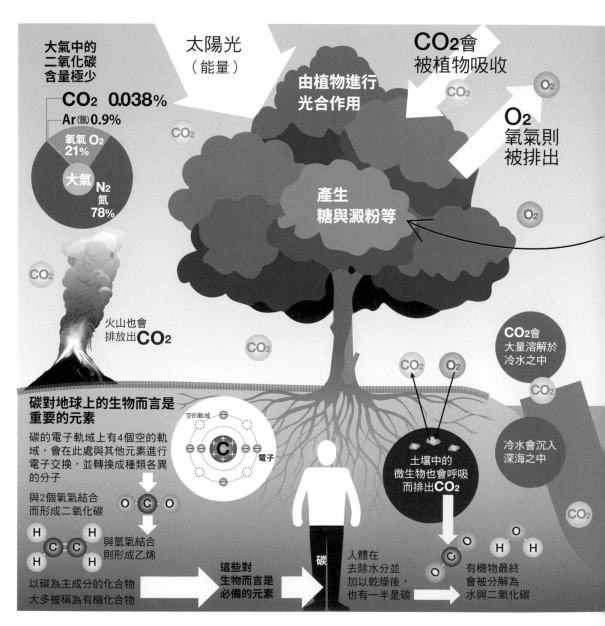

大氣中的二氧化碳含量極少

太陽光
（能量）

CO_2 會被植物吸收

由植物進行光合作用

O_2 氧氣則被排出

CO_2 0.038%
Ar（氬）0.9%
氧氣 O_2 21%
大氣 N_2 氮 78%

產生糖與澱粉等

火山也會排放出 CO_2

CO_2 會大量溶解於冷水之中

碳對地球上的生物而言是重要的元素

碳的電子軌域上有4個空的軌域，會在此處與其他元素進行電子交換，並轉換成種類各異的分子

空的軌域
C
電子

與2個氧氣結合而形成二氧化碳

O C O

H C C H 與氫氣結合則形成乙烯

以碳為主成分的化合物大多被稱為有機化合物

這些對生物而言是必備的元素

碳

人體在去除水分並加以乾燥後，也有一半是碳

土壤中的微生物也會呼吸而排出 CO_2

冷水會沉入深海之中

有機物最終會被分解為水與二氧化碳

中生物之間也會彼此互相交換著碳。

　　此外，正如在p19所看到的，海水在冰冷海域會變重而下沉至深處。此時，從大氣融入海中的CO2也會隨之下沉，在數十年乃至數千年的漫長時間內一直封存於深海之中，最後又出現在大海表層，並逐漸返回大氣中。

脫離碳循環的人類活動

　　透過碳循環，從大氣中吸收的CO2量與釋放出的CO2量，大致是平衡的。然而，人類開始燃燒煤炭與石油，導致大氣中的CO2日益增加。煤炭與石油皆為數億年前的動植物化石，是由碳所構成。這些碳長期儲存於地底，人類卻在短時間內讓它們釋放至大氣之中，擾亂了碳循環。

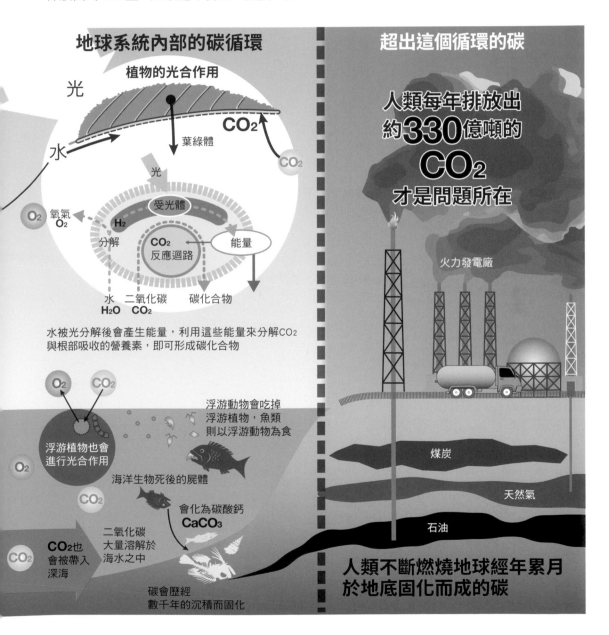

地球系統內部的碳循環

植物的光合作用

光

水

CO2

葉綠體

光

受光體

O2 氧氣 O2

H2

分解

CO2 反應迴路

能量

水 H2O　二氧化碳 CO2　碳化合物

水被光分解後會產生能量，利用這些能量來分解CO2與根部吸收的營養素，即可形成碳化合物

O2　CO2

浮游植物也會進行光合作用

O2

CO2

CO2也會被帶入深海

浮游動物會吃掉浮游植物，魚類則以浮游動物為食

海洋生物死後的屍體

會化為碳酸鈣 CaCO3

二氧化碳大量溶解於海水之中

碳會歷經數千年的沉積而固化

超出這個循環的碳

人類每年排放出約330億噸的CO2才是問題所在

火力發電廠

煤炭

天然氣

石油

人類不斷燃燒地球經年累月於地底固化而成的碳

各種氣候要素交互作用，在地球上形成複雜的氣候

氣候取決於大氣與海洋的循環

下方地圖是以顏色來區分的「柯本氣候分類法」。為什麼氣候會因為地區不同而出現這樣的差異呢？

赤道附近會接收到最多太陽的熱能，因熱而升溫的空氣會挾帶水蒸氣往上升，形成雲層後再降雨。這便是高溫多雨的熱帶雨林氣候。

在熱帶促進降雨的空氣會透過大氣循環移動至中緯度地區後下沉，故會把乾燥的暖空氣帶至地表。此外，發生下沉氣流的地方不會形成雲層，所以幾乎不會降雨，因而產生一年到頭都乾燥的沙漠氣候。

地球的複雜氣候是水、大氣與溫度相互

熱帶雨林氣候
最炎熱的地帶，也是熱帶低氣壓帶。海面等處的水蒸氣會上升而導致大量降雨

熱帶季風氣候
受到季風（季候風）的影響，有乾季，一般會種植水稻

熱帶莽原氣候
夏季多雨而冬季少雨為其特徵所在。耐旱的樹木形成草原

草原氣候
全年少雨，雨季會少量降雨。晝夜溫差相當大

沙漠氣候
全年氣溫超過10℃，是幾乎不會降雨的地帶

地中海型氣候
地中海與中緯度地區的西海岸區。冬季降雨，夏季乾燥

冬乾溫暖氣候
介於各大洲熱帶莽原氣候與夏雨型暖濕氣候之間的地區

夏雨型暖濕氣候
有四季之分，夏季高溫潮濕，冬季低溫乾燥。除了北海道與部分東北地區外，日本大部分地區都屬於這種氣候

溫帶海洋性氣候
多分布於大陸西岸高緯度地區。夏季溫度低而舒適

常濕冷溫氣候
北半球北緯40度以北的大部分地區，是地球上分布最廣的氣候。夏季會超過10℃，冬季則下探至-3℃。冬季降雪量大

冬乾冷溫氣候
有些地區冬季會低於-30℃。降雨量少

苔原氣候
溫暖時期的溫度介於-3℃以上、未滿10℃之間，幾乎全年都覆蓋在冰雪之下

極地冰原氣候
終年冰雪覆蓋。沒有野生植物，人類也無法居住

偏西風

東海岸地區的溫暖是拜這道墨西哥灣暖流所賜

墨西哥灣暖流

❶

聖嬰現象
這個海域的海水溫度變化會對全球氣候造成巨大變化

詳見 p40-41

＊海流的路線經過簡化

相對於氣流的垂直移動，風則是往水平方向流動。風是空氣從氣壓高的地方（高氣壓）往氣壓低的地方（低氣壓）流動所引起的。亞洲的夏季會從海上的高氣壓往陸地的低氣壓吹起東南風，冬季的氣壓位置則會相反過來，吹起西北風。這些就是所謂的季風（季候風），為夏天帶來雨季，在冬天則形成乾季。

日本經常有颱風登陸也是受到風的影響。颱風是由熱帶低氣壓擴展而成，受到從太平洋高氣壓吹出的風、信風與偏西風這3種風的推擠而改變路徑，循著弓形路線行進，直撲日本。

此外，西歐明明位於高緯度地區，冬季卻相對溫暖，是因為來自南方海洋的暖流與吹拂其上的偏西風帶來了暖空氣。

大氣與海洋的循環、地形等會如上所述般相互作用，在地球上形成複雜的氣候。

作用的結果

暖流

日本颱風多是偏西風造成的

❶ 大型熱帶低氣壓於赤道附近成形後，發展成颱風

❷ 遭到來自東北的信風推擠而往西前進

❸ 前進路線受到來自大陸的偏西風推擠而彎曲

❹ 沿著日本列島往東前進

拜偏西風與暖流所賜，歐洲緯度雖高，卻屬於冬暖夏涼的溫帶海洋性氣候

偏西風

於中緯度地區形成沙漠

熱帶低氣壓與中緯度附近高氣壓的大氣循環

❶ 因赤道附近海水的熱能而產生水蒸氣，上升後形成雲層並降雨（熱帶低氣壓成形）

❷ 該區的大氣移動至涼爽的高緯度地區後，會於高空降溫而下沉（於中緯度30度附近形成高氣壓），因此不會形成雲層而產生乾燥地區

❸ 下沉的空氣會吹回熱帶的低氣壓帶，此即所謂的信風

導致夏季大雨的亞洲季風大氣循環

❶ 因陸地的高溫而產生上升氣流

❷ 高溫的大氣會往溫度較低的海洋移動

❸ 於高空降溫而下沉，形成高氣壓帶

❹ 形成挾帶海洋水蒸氣的風，往大陸吹拂

❺ 碰上喜馬拉雅山而降下豐沛大雨

發生與北半球中緯度地區一樣的大氣循環

澳洲乾燥的原因

沙漠地帶範圍擴大，近年來乾旱不斷而頻頻發生野火

南極環流

氣象觀測系統的作用
不僅限於天氣預報

各式各樣的氣象觀測系統

氣象（天氣）時時刻刻都在變化。為了掌握其動態，日本的氣象廳在全國各地架設了氣象台與氣象觀測站，以此來進行氣壓、氣溫、溼度、風向、風速、降雨量等的氣象觀測。此外，全國約有1300個地方設置了

地區氣象觀測系統「AMeDAS」，自動觀測著各地區的氣溫、降雨量、風與日照時間等。

不僅如此，還有觀測高空大氣的無線電探空儀、觀測大範圍雨與雪的氣象雷達、從外太空觀測雲層與水蒸氣的靜止氣象衛星「向日葵號」等，這些透過各種方式收集來

世界氣象衛星觀測網

透過世界各國的衛星觀測，24小時監測地球的陸域、海洋的氣象與大氣及環境。除此之外，美國另有無數衛星在運作，比如透過觀測海洋來收集地球水環境相關數據的「Aqua」，還有持續觀測陸地、大氣與海洋來掌握森林植被變化等的「Terra」等等

海洋地球研究船
未來號

在北極海、太平洋與印度洋上實施觀測巡航。此船在觀測數據不足的北極海上，致力於釐清隨著海冰減少所產生的海洋變化

日本所運用的氣象觀測系統

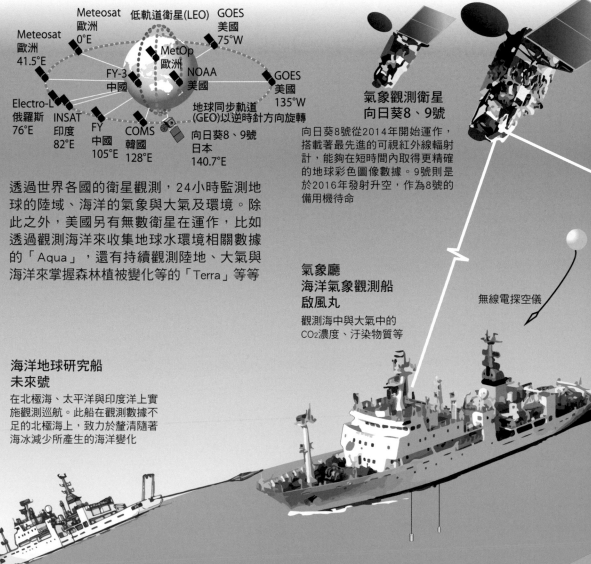

氣象觀測衛星
向日葵8、9號

向日葵8號從2014年開始運作，搭載著最先進的可視紅外線輻射計，能夠在短時間內取得更精確的地球彩色圖像數據。9號則是於2016年發射升空，作為8號的備用機待命

氣象廳
海洋氣象觀測船
啟風丸

觀測海中與大氣中的CO_2濃度、汙染物質等

無線電探空儀

的觀測數據，都在我們看到的天氣預報等處派上用場。

透過國際合作來觀測全球

進行氣象觀測不僅只是為了天氣預報。現在的氣象觀測還肩負著一項使命，即觀測持續不斷的氣候變遷與地球環境的變化。

日本氣象廳會透過海洋氣象觀測船來觀測海上的大氣與海中的 CO_2。日本宇宙航空研究開發機構（JAXA）為了觀測氣候變遷與溫室氣體等，已經發射出多顆人工衛星。

各國都在這方面不遺餘力，為了統合這些努力，國際組織「地球觀測集團（GEO）」於2005年開始運作。透過世界各國的合作，建構了一套觀測全球的「全球地球觀測系統」，目標在於為解決地球環境諸多問題做出貢獻。

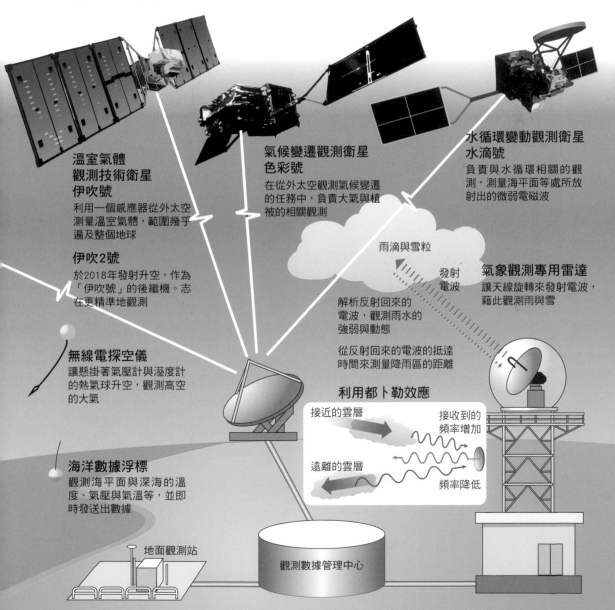

溫室氣體觀測技術衛星 伊吹號
利用一個感應器從外太空測量溫室氣體，範圍幾乎遍及整個地球

伊吹2號
於2018年發射升空，作為「伊吹號」的後繼機。志在更精準地觀測

無線電探空儀
讓懸掛著氣壓計與溼度計的熱氣球升空，觀測高空的大氣

海洋數據浮標
觀測海平面與深海的溫度、氣壓與氣溫等，並即時發送出數據

氣候變遷觀測衛星 色彩號
在從外太空觀測氣候變遷的任務中，負責大氣與植被的相關觀測

解析反射回來的電波，觀測雨水的強弱與動態

從反射回來的電波的抵達時間來測量降雨區的距離

水循環變動觀測衛星 水滴號
負責與水循環相關的觀測，測量海平面等處所放射出的微弱電磁波

雨滴與雪粒

發射電波

氣象觀測專用雷達
讓天線旋轉來發射電波，藉此觀測雨與雪

利用都卜勒效應

接近的雲層　　接收到的頻率增加

遠離的雲層　　頻率降低

地面觀測站

觀測數據管理中心

利用重現地球氣候的
氣候模式來預測未來

模擬大氣的變化

在電視的天氣預報中，都會利用動畫一目了然地顯示出雨雲或氣壓的位置後續將如何變化。這是奠基於AMeDAS或氣象衛星等所收集到的觀測數據，利用超級電腦來模擬大氣的狀態，才得以如此詳細地預測未來的天氣。

一般雖然都認為，天氣瞬息萬變且難以捉摸，但無論是刮風或者下雨皆為物理現象。因此能夠根據物理法則，透過數學公式來表現，還能交給電腦進行運算，進而預測出地球的天氣。

如果二氧化碳的排放量增加一倍，
地球的氣候會如何變化？
我們很想知道，卻無法實際測試看看

**既然地球只有1個，
那就再打造一個地球吧！**

可以模擬地球整體氣候的
全球氣候模式於焉而生

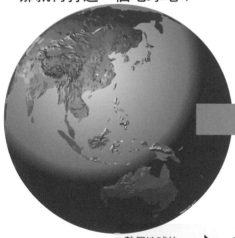

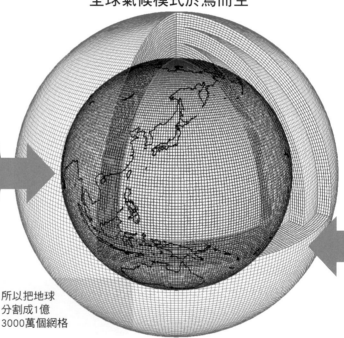

整個地球的
氣象數據
實在過於龐大

所以把地球
分割成1億
3000萬個網格

這套電腦系統是將右頁所示的氣象現象轉為數值模式，並輸入各種條件數據，藉此來模擬氣候現象

一個網格的水平距離為100km，
垂直方向則約為1km。以此空間為單位，
計算氣象模式來模擬全球的氣候

氣象預測會隨著電腦的進化而有所發展。照片顯示的是海洋研究開發機構所用的超級電腦「地球模擬器」。自2002年開始運作以來的2年半期間，一直保持著世界最快的地位。可執行氣候變遷預測等高精度的模擬，對IPCC報告書也有所貢獻

透過氣候模式預測氣候變遷

電腦模擬不僅可用於天氣預報，也會用來預測橫跨更長時間的氣候變化，即重現地球氣候系統的「氣候模式」。這種模擬地球整體氣候的模式又稱為全球氣候模式。

氣候模式是基於研究氣候變遷的機制與預測地球暖化等目的而研發出來的，在日本，最為人所知的便是運用了海洋研究開發機構專用世界級超級電腦「地球模擬器」的氣候模式，以及日本氣象廳氣象研究所的

「地球系統模式」。各個國家都在嘗試根據過去到現在所累積的龐大數據，在電腦中創建一個虛擬地球並預測未來。這些氣候模式所導出的預測結果，在決定國家政策等方面都派上了用場。

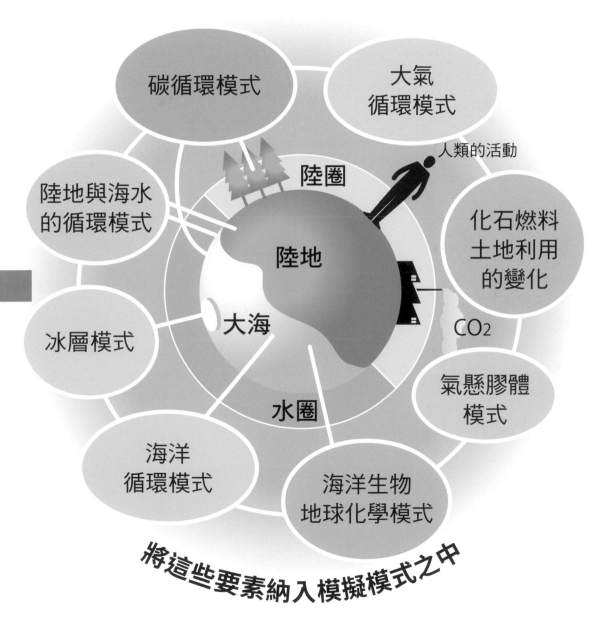

碳循環模式

大氣循環模式

人類的活動

陸圈

陸地與海水的循環模式

化石燃料土地利用的變化

陸地

冰層模式

大海

CO2

氣懸膠體模式

水圈

海洋循環模式

海洋生物地球化學模式

將這些要素納入模擬模式之中

地球46億年來
反覆不斷的氣候變遷史

反覆交替的寒冷期與溫暖期

地球的氣候在其46億年的漫長歷史中，不斷反覆出現寒冷期與溫暖期。大約在40億年前誕生的生命便是在戲劇性的氣候變化中逐漸進化至今。

一般認為，在約25億年前至約5.4億年前的原生代期間，曾有過幾次全球結凍而被稱為雪球地球（Snowball Earth）的大冰河期。其後又因為火山爆發導致CO_2增加，地球開始暖化，多樣的多細胞生物就此誕生。

一開始只棲息於海中的動植物最終上了陸地。在約3.6億～3億年前所謂的石炭紀時期，大型森林繁茂叢生。這個時期的植物

地球的46億年與氣候變遷的歷史

46億年前
地球誕生

44億年前左右
地球上出現海洋

40億年前左右
第一個單細胞生物誕生

雪球地球時期
23億年前
地球的溫度降至-40℃，全球遭冰層覆蓋

生命在這段期間內頑強地存活下來，並進化成多細胞生物

7億年前　6.5億年前　6億年前
地球上的冰層融化

多細胞生物爆發性地繁殖

寒武紀大爆發

大氣中的氧氣增加
水中藻類大量進行光合作用

太陽上的黑子消失

現在的我們
CO_2
因地球暖化所引起的大規模氣候變遷即將發生

甚至爆發新型冠狀病毒引起的全球大流行

18世紀後半葉
工業革命，開始排出二氧化碳

13世紀
地球愈來愈冷，歐洲進入受難時期

天候惡劣且作物歉收，引發飢荒而戰亂四起

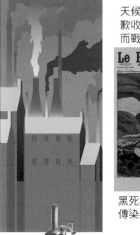

Le Petit Journal

黑死病等傳染病流行

900年左右
地球變暖

歐洲中世紀是氣候轉暖的時代

農業發達

第4個寒冷期
公元前100年左右
馬上遊牧民族南遷避寒

匈奴南下

匈人南下

氣候變遷導致世界急遽變動

日耳曼民族大遷徙　　　中國動盪期

化石便是如今作為燃料來使用的煤炭。

擺布生物的氣候變遷

生物過去曾經歷5次大規模的滅絕。恐龍因為連續溫暖的氣候而得以長期生存，卻也因為小行星撞擊所造成的環境變化而於約6500萬年前不幸滅絕。其後，哺乳類動物蓬勃發展，人類的祖先隨之誕生。另一方面，地球愈來愈冷，迎來了冰河時期。冰河擴張的冰期與變暖的間冰期以約10萬年為週期交替出現，而最後一次冰期結束於約1萬年前。此後便一直是間冰期，不過這期間也有週期性地出現小規模的寒冷期與溫暖期，也對人類造成了影響。

一般認為，這種氣候變遷的週期是因為地球自轉等因素造成太陽日照量出現變化所致。那麼，如今的氣候變遷與在此之前的狀況有何不同？讓我們從下一頁逐一詳細地探究。

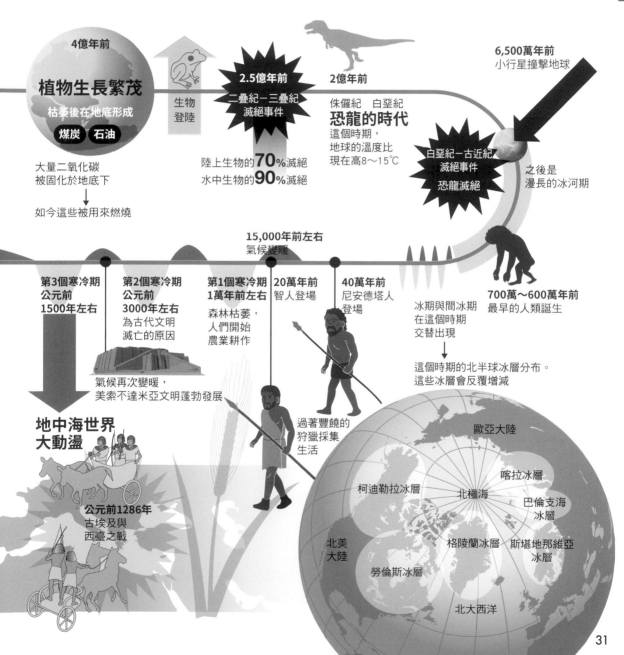

4億年前

植物生長繁茂
枯萎後在地底形成
煤炭　石油

大量二氧化碳被固化於地底下

如今這些被用來燃燒

生物登陸

2.5億年前
二疊紀一三疊紀滅絕事件

陸上生物的**70%**滅絕
水中生物的**90%**滅絕

2億年前

侏儸紀　白堊紀
恐龍的時代
這個時期，
地球的溫度比
現在高8～15℃

白堊紀一古近紀滅絕事件
恐龍滅絕

6,500萬年前
小行星撞擊地球

之後是漫長的冰河期

15,000年前左右
氣候變暖

第3個寒冷期
公元前
1500年左右

第2個寒冷期
公元前
3000年左右
為古代文明滅亡的原因

氣候再次變暖，
美索不達米亞文明蓬勃發展

**地中海世界
大動盪**

公元前1286年
古埃及與
西臺之戰

第1個寒冷期
1萬年前左右

森林枯萎，
人們開始
農業耕作

20萬年前
智人登場

過著豐饒的
狩獵採集
生活

40萬年前
尼安德塔人
登場

冰期與間冰期
在這個時期
交替出現

這個時期的北半球冰層分布。
這些冰層會反覆增減

700萬～600萬年前
最早的人類誕生

歐亞大陸

喀拉冰層

巴倫支海
冰層

柯迪勒拉冰層

北極海

格陵蘭冰層

斯堪地那維亞
冰層

北美
大陸

勞倫斯冰層

北大西洋

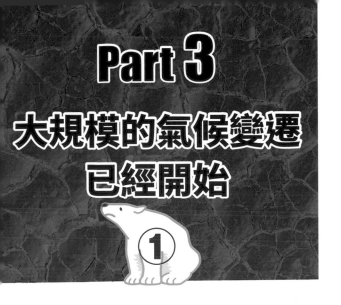

Part 3
大規模的氣候變遷
已經開始
①

何以斷言
暖化的原因在於
人類的活動？

絕非自然現象的氣溫上升

正如我們在上一章節所看到的，因為太陽日照量的變化與火山爆發等因素，地球的

地球暖化法庭旁聽記
1. 氣溫是從何時開始上升的？

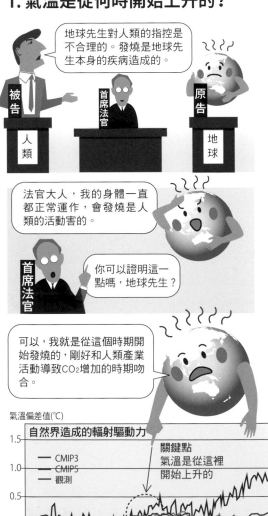

地球先生對人類的指控是不合理的。發燒是地球先生本身的疾病造成的。

被告 人類

首席法官

原告 地球

法官大人，我的身體一直都正常運作，會發燒是人類的活動害的。

首席法官

你可以證明這一點嗎，地球先生？

可以，我就是從這個時期開始發燒的，剛好和人類產業活動導致CO2增加的時期吻合。

氣溫偏差值(℃)

自然界造成的輻射驅動力

關鍵點
氣溫是從這裡開始上升的

— CMIP3
— CMIP5
— 觀測

1.5
1.0
0.5
0.0
-0.5

1860 1880 1900 1920 1940 1960 1980 2000年

2. 氣溫上升的原因為何？

法官大人，這是一種謬論。就算只是自然變遷，氣溫還是會上升。人類不是唯一的罪魁禍首。

被告

首席法官

法官大人，我要求全球氣候模式先生出庭作證，氣溫上升是人類造成的。

←全球氣候模式先生

左下圖表中的紅線與藍線是地球的自然氣溫變遷。我把人類活動的數據加進去，進行了模擬。

模擬結果如下方圖表所示。

氣溫偏差值(℃)

自然界與人為造成的輻射驅動力

氣溫上升與觀測結果是一致的

— CMIP3
— CMIP5
— 觀測

1.5
1.0
0.5
0.0
-0.5

1860 1880 1900 1920 1940 1960 1980 2000年

氣候到目前為止已經反覆發生了幾次變遷。因而有些人認為，目前持續暖化應該也是由自然界所引起的。

我們在p28～29中看到氣候模式所做的模擬，否決了這種可能性。不妨比較看看下方的圖表。在只考慮自然變遷的模擬②中，直到20世紀前半葉為止，曲線都大致貼合實際的氣溫變化①，但是並未成功重現20世紀後半葉所出現的急遽氣溫上升。另一方面，在加入溫室氣體等影響因素的模擬③中，則描繪出與實際氣溫相符的上升曲線。

有鑑於這樣的結果，IPCC的第5次評估報告書（詳見p35）根據超過95%的機率做出了這樣的結論：「20世紀中葉以後，暖化的主因極有可能來自人類的活動」。人類竟然連地球的氣候都改變了。

3. 如何證明模擬結果是正確的？

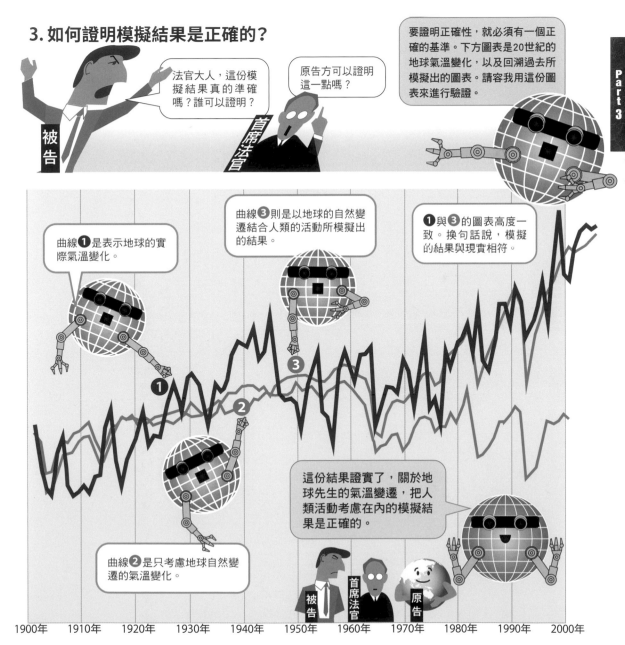

法官大人，這份模擬結果真的準確嗎？誰可以證明？

被告

原告方可以證明這一點嗎？

首席法官

要證明正確性，就必須有一個正確的基準。下方圖表是20世紀的地球氣溫變化，以及回溯過去所模擬出的圖表。請容我用這份圖表來進行驗證。

曲線❶是表示地球的實際氣溫變化。

曲線❸則是以地球的自然變遷結合人類的活動所模擬出的結果。

❶與❸的圖表高度一致。換句話說，模擬的結果與現實相符。

這份結果證實了，關於地球先生的氣溫變遷，把人類活動考慮在內的模擬結果是正確的。

被告　首席法官　原告

曲線❷是只考慮地球自然變遷的氣溫變化。

1900年　1910年　1920年　1930年　1940年　1950年　1960年　1970年　1980年　1990年　2000年

Part 3
大規模的氣候變遷已經開始 ②

如果不致力於減碳，氣溫將上升到這種程度

IPCC 證明了暖化

IPCC（政府間氣候變遷專門委員會）是一個跨政府組織，以科學的角度分析氣候變遷，並對世界各國的政策決定造成重大影響。IPCC是由聯合國環境規劃署（UNEP）與世界氣象組織（WMO）於1988年設立的

組織，憑藉著讓全世界意識到地球暖化是人類活動所引起的這份功績，而於2007年獲得諾貝爾和平獎。

IPCC的基本活動便是匯集世界各地數千名專家之見解，並定期以報告書的形式公開。

全球氣候模式（GCM）預測了2100年的地球氣候

預測的初始值＝設定溫室氣體的排放量

GCM模擬的構造

回饋

溫室氣體的濃度 → 輻射驅動力的推估 → 氣候反應的計算

★輻射驅動力
是一種多餘的能量，成了打破地球系統的能量平衡而導致地球氣候產生變化之要素

4種設定條件

①RCP8.5情境
在無氣候政策的情況下，輻射驅動力為8.5，到了2100年，CO_2濃度達到936ppm

②RCP6.0情境
有氣候政策，但仍持續排放CO_2，到了2100年也不會超出巔峰值。CO_2濃度達到670ppm

③RCP4.5情境
到了2100年，CO_2的排放會超出巔峰值，之後趨於穩定。CO_2濃度達到538ppm

④RCP2.6情境
到了2100年，CO_2的排放會超出巔峰值，之後趨於減少。CO_2濃度達到421ppm

開始模擬

模擬結果
與過去的結果一致

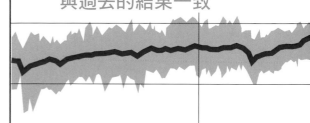

1900年　　　　　　　　1950年

在100年內最多將上升4.8℃

在2013年公布的最新IPCC第5次評估報告書中,首度採用了所謂的「RCP(典型濃度路徑)情境」。這是依循4種情境讓多個氣候模式進行模擬,藉此確認氣候會因人類所排出的溫室氣體在大氣中的濃度而產生多大的變化。

下圖呈現出的模擬結果,預測了直至2100年為止的氣溫上升狀況。

假設1986～2005年的平均氣溫為0,

在預設繼續這樣排放CO$_2$等溫室氣體的情境①中,氣溫會上升多達2.6～4.8℃;即便是在將溫室氣體的排放量控制在最低的情境④中,也有很高的可能會升溫0.3～1.7℃——這便是IPCC所得出的結論。

光看這個結果就再清楚不過了,我們必須現在就立即開始努力減少溫室氣體的排放量。

世界平均氣溫變化預測
根據IPCC第5次評估報告書編製而成

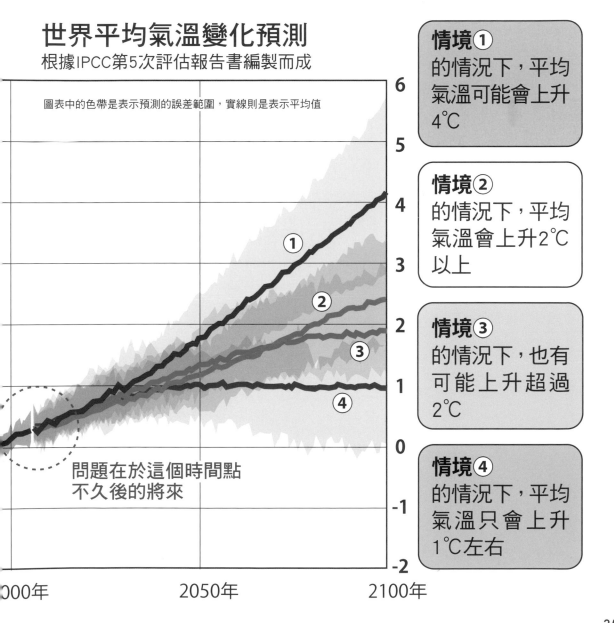

圖表中的色帶是表示預測的誤差範圍,實線則是表示平均值

問題在於這個時間點不久後的將來

6
5
4
3
2
1
0
-1
-2

000年　　　　　2050年　　　　　2100年

情境①
的情況下,平均氣溫可能會上升4℃

情境②
的情況下,平均氣溫會上升2℃以上

情境③
的情況下,也有可能上升超過2℃

情境④
的情況下,平均氣溫只會上升1℃左右

地球暖化造成
世界各地異常氣象增加

同一地區內持續的異常高溫

近年來,世界各地頻頻發生異常氣象。下方地圖標示出2015年至2019年期間,有哪些地方被觀測到發生超出常年氣溫的異常高溫。

所謂的異常氣象,是指大約30年才發生1次的氣象現象,但從下圖可得知,在短短5年間,同一個地區出現了好幾次異常高溫的紀錄。尤其是南非至模里西斯一帶、亞洲南部、北美南部至南美西北部一帶、澳洲沿岸地帶,幾乎每年都遭受異常高溫影響。就連日本也是如此,夏季的酷暑已經漸漸變成一種常態而不再是異常現象。

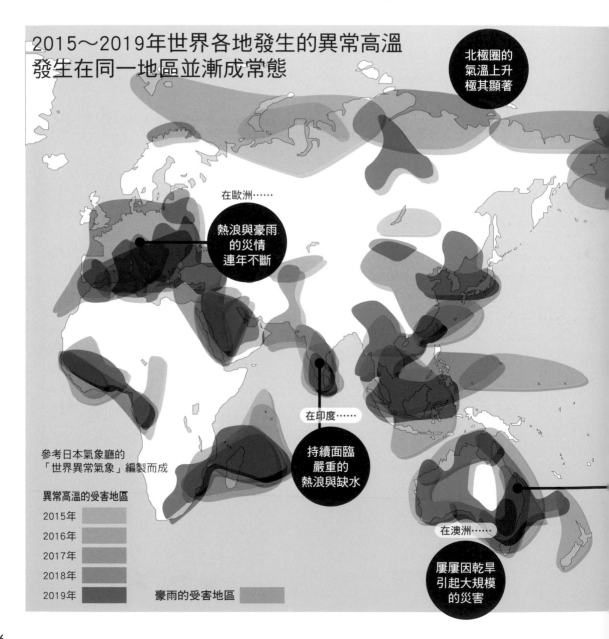

2015～2019年世界各地發生的異常高溫
發生在同一地區並漸成常態

北極圈的氣溫上升極其顯著

在歐洲⋯⋯
熱浪與豪雨的災情連年不斷

在印度⋯⋯
持續面臨嚴重的熱浪與缺水

在澳洲⋯⋯
屢屢因乾旱引起大規模的災害

參考日本氣象廳的「世界異常氣象」編製而成

異常高溫的受害地區
2015年
2016年
2017年
2018年
2019年

豪雨的受害地區

過度降雨或無雨

平均氣溫原本是用來判斷異常與否的基準，如今也持續在上升。氣象廳的數據顯示，日本的年平均氣溫在100年內就上升了1.24℃，尤其是在1990年代以後，創下高溫的年份持續增加。僅以東京來看，100年內就升溫了3.2℃。不光是溫室氣體，人口集中於人工建築物環繞的都市中，也是導致氣溫上升的原因。

一旦氣溫上升，海洋就會產生更多水蒸氣而開始降下更多雨水。這便是近年來豪雨持續增加的原因之一。反之，在原本就少雨的地區，則因氣溫上升而愈來愈不下雨，導致乾旱與森林火災等災情。這類異常氣象在地球各處頻頻發生，開始對人類的生活造成影響。

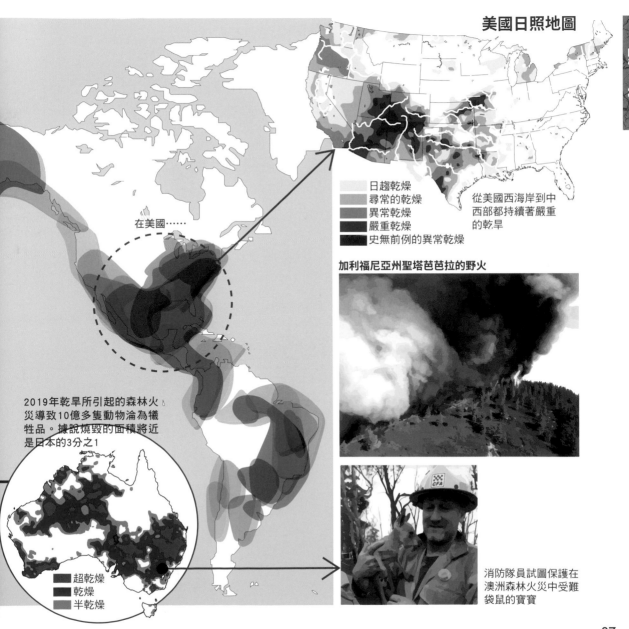

美國日照地圖

日趨乾燥
尋常的乾燥
異常乾燥
嚴重乾燥
史無前例的異常乾燥

從美國西海岸到中西部都持續著嚴重的乾旱

在美國……

2019年乾旱所引起的森林火災導致10億多隻動物淪為犧牲品。據說燒毀的面積將近是日本的3分之1

超乾燥
乾燥
半乾燥

加利福尼亞州聖塔芭芭拉的野火

消防隊員試圖保護在澳洲森林火災中受難袋鼠的寶寶

侵襲歐洲的熱浪是北極暖化所致

21 世紀頻頻發生的熱浪

2019年夏天，歐洲兩度遭受破紀錄的熱浪侵襲。法國創下觀測史上最高氣溫45.9℃的紀錄，約1,500人因為中暑或熱衰竭而喪命。

所謂的熱浪，是指大幅超過平均氣溫的高溫空氣覆蓋某個地區的現象。與日本的酷暑相似，特徵在於會在廣泛地區持續好幾天的高溫。

歐洲過去已遭受多次熱浪侵襲，尤其是從2003年的大熱浪以來，發生頻率提高，一般認為是受到地球暖化的影響。

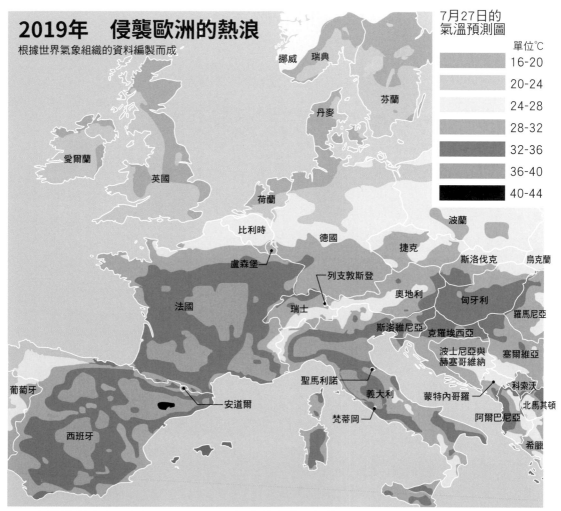

2019年　侵襲歐洲的熱浪
根據世界氣象組織的資料編製而成

7月27日的氣溫預測圖

單位℃
- 16-20
- 20-24
- 24-28
- 28-32
- 32-36
- 36-40
- 40-44

挪威　瑞典　芬蘭　丹麥　愛爾蘭　英國　荷蘭　比利時　德國　波蘭　捷克　斯洛伐克　烏克蘭　盧森堡　列支敦斯登　瑞士　奧地利　匈牙利　羅馬尼亞　法國　斯洛維尼亞　克羅埃西亞　波士尼亞與赫塞哥維納　塞爾維亞　聖馬利諾　義大利　蒙特內哥羅　科索沃　葡萄牙　安道爾　梵蒂岡　北馬其頓　阿爾巴尼亞　西班牙　希臘

2019年熱浪所造成的災情
法國南部創下歐洲觀測史上最高氣溫45.9℃的紀錄。歐洲各地的學校陸續關閉，人們紛紛避難。德國的高速公路因高溫變形而管制車輛上路，西班牙則因野火燒毀了100km²的土地

2018年熱浪所造成的災情
熱浪主要侵襲西班牙與葡萄牙。葡萄牙最高溫度超過45℃，希臘則因野火造成91人死亡。歐洲全境的農作物都遭受嚴重損害

2017年8月熱浪所造成的災情
熱浪大範圍侵襲西班牙到羅馬尼亞等地。連日高溫超過40℃，造成64人死亡。義大利以聖經中的墮落天使「路西法」為這波熱浪命名。那不勒斯創下體感溫度55℃的紀錄

北極的暖化擾亂了偏西風

　　北半球受到「阻塞現象（blocking）」影響而加大了偏西風的蜿蜒幅度，導致高氣壓長期滯留於同一個地方而引發熱浪。如下方插圖所示，從赤道附近流入的暖風受到蜿蜒而行的偏西風阻塞，當滯留較久時，會連續好幾週都是晴天。因此大氣在入夜後仍未降溫，導致氣溫不斷飆升。

　　最近的研究指出，熱浪的發生可能與北極暖化有所關連。偏西風是北極冷空氣與赤道暖空氣之間的溫差所產生的，但這樣的溫差卻因為北極暖化而持續縮小。一般認為，偏西風會因此減速而蜿蜒幅度變大，便容易引發阻塞現象。偏西風遭擾亂不僅引發了熱浪，還造成長期連續大雨或乾旱等。

歐洲遭熱浪侵襲的構造

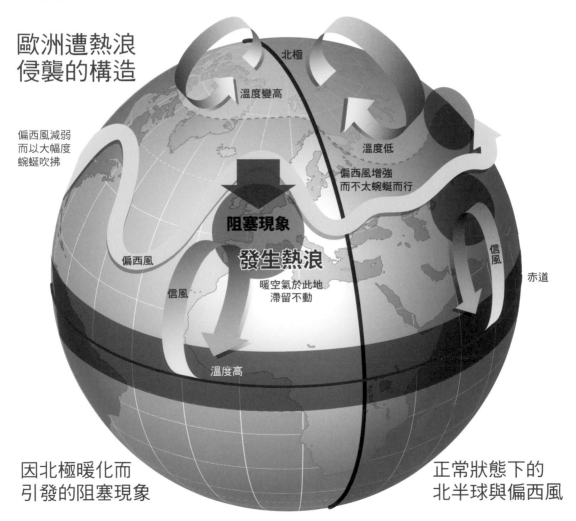

偏西風減弱而以大幅度蜿蜒吹拂

北極

溫度變高

溫度低

偏西風增強而不太蜿蜒而行

阻塞現象

發生熱浪

暖空氣於此地滯留不動

偏西風

信風

信風

赤道

溫度高

因北極暖化而引發的阻塞現象

正常狀態下的北半球與偏西風

2010年熱浪所造成的災情
熱浪主要侵襲俄羅斯與東歐。俄羅斯還因為破紀錄的酷暑而引發森林火災與乾旱，造成15,000人死亡，經濟損失達1兆3000億日圓

2003年熱浪所造成的慘重災情
引發史上最嚴重的熱浪災情。光是法國就有約15,000人喪命，歐洲9國合計約52,000人死亡。這次經驗讓人們開始透過氣象觀測來預測熱浪，並尋求事先的預防措施

Part 3
大規模的氣候變遷
已經開始
⑤

聖嬰現象加劇，
異常氣象頻頻發生

原因在於海面水溫異常

引發異常氣象的原因中，較為人所知的便是「聖嬰現象」與「反聖嬰現象」。

聖嬰現象是指東太平洋赤道附近的海面水溫變得比常年還高，且該狀態持續1年左右的現象。反之，在同一個海域中，如果海面水溫一直處於比常年還低的狀態，這樣的現象則為反聖嬰現象。

一旦發生聖嬰現象，被稱為信風的東風會變得比常年還弱，導致原本應該被送至西側的溫暖海水往東方擴散。因此，平常為印尼一帶帶來雨水的積雨雲會往東移動，在美國西部降下大雨。

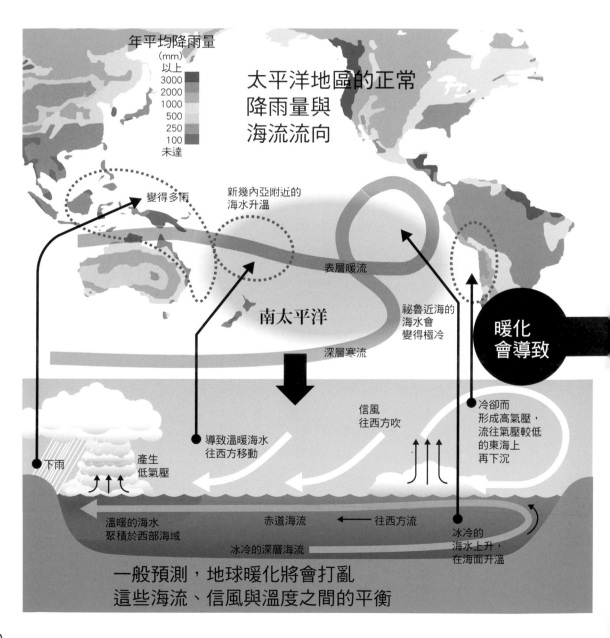

年平均降雨量
(mm)
以上
3000
2000
1000
500
250
100
未達

太平洋地區的正常
降雨量與
海流流向

變得多雨
新幾內亞附近的
海水升溫
表層暖流
南太平洋
祕魯近海的
海水會
變得極冷
深層寒流
暖化
會導致
導致溫暖海水
往西方移動
信風
往西方吹
冷卻而
形成高氣壓，
流往氣壓較低
的東海上
再下沉
下雨
產生
低氣壓
溫暖的海水
聚積於西部海域
赤道海流
往西方流
冰冷的深層海流
冰冷的
海水上升，
在海面升溫

一般預測，地球暖化將會打亂
這些海流、信風與溫度之間的平衡

另一方面，如果發生反聖嬰現象，信風會變強而把更多溫暖的海水送至西側，所以印尼近海的海上會頻繁產生積雨雲。反之，冰冷海水則是聚積於東側，導致美國因天氣乾燥而遭受乾旱或野火的侵襲。

暖化使異常氣象更加極端

這兩種現象都是每隔數年就發生一次，對世界的氣象造成莫大影響。以日本受到的影響來說，如果是聖嬰現象，往往會造成冷夏與暖冬；如果是反聖嬰現象，則多會帶來酷暑與嚴冬。

一般預測，如果再繼續暖化下去，將會打破大氣與海洋之間的平衡，聖嬰現象與反聖嬰現象所造成的影響會變得更加劇烈。尤其是在強烈的聖嬰現象發生不久後又出現反聖嬰現象，導致乾旱與豪雨這樣兩極化的氣候接連不斷，恐怕會造成重大災害。

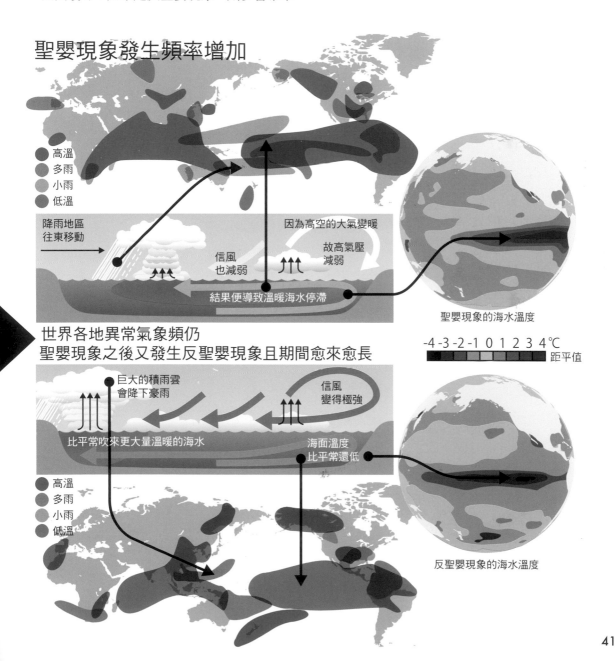

聖嬰現象發生頻率增加

- 高溫
- 多雨
- 小雨
- 低溫

降雨地區往東移動

因為高空的大氣變暖故高氣壓減弱

信風也減弱

結果便導致溫暖海水停滯

聖嬰現象的海水溫度

-4 -3 -2 -1 0 1 2 3 4℃ 距平值

世界各地異常氣象頻仍
聖嬰現象之後又發生反聖嬰現象且期間愈來愈長

巨大的積雨雲會降下豪雨

信風變得極強

比平常吹來更大量溫暖的海水

海面溫度比平常還低

- 高溫
- 多雨
- 小雨
- 低溫

反聖嬰現象的海水溫度

地球的水循環混亂，
啓動了氣候變遷的開關

暖化所帶來的水危機

地球又被稱為水行星。有別於其他行星，地球擁有豐沛的水資源，故而誕生了各種多樣的生物，還孕育出人類的文明。

然而，如今地球上的水資源已經出現危機。正如我們在p20～21所看到的，水會改變型態化為水蒸氣或冰，維持著絕妙的平衡，在大氣、海洋與陸地間不斷循環。然而，地球暖化打亂了這樣的循環。

當氣溫上升，首當其衝的便是占了地球上淡水7成的冰層與冰河。北極圈的格陵蘭島、南極的冰層與高原上的冰河等，開始融化並流入大海。其結果就是導致海平面上

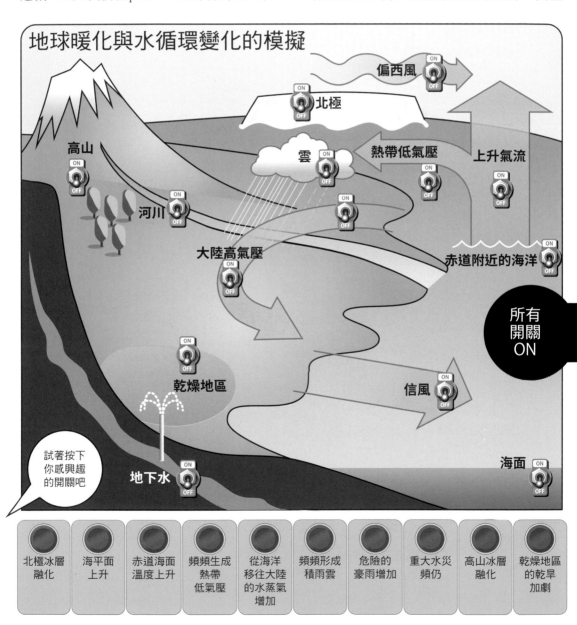

地球暖化與水循環變化的模擬

偏西風 ON OFF
北極 ON OFF
高山 ON OFF
雲 ON OFF
熱帶低氣壓
上升氣流 ON OFF
河川 ON OFF
ON OFF
大陸高氣壓 ON OFF
赤道附近的海洋 ON OFF
所有開關ON
乾燥地區 ON OFF
信風 ON OFF
海面 ON OFF
試著按下你感興趣的開關吧
地下水 ON OFF

| 北極冰層融化 | 海平面上升 | 赤道海面溫度上升 | 頻頻生成熱帶低氣壓 | 從海洋移往大陸的水蒸氣增加 | 頻頻形成積雨雲 | 危險的豪雨增加 | 重大水災頻仍 | 高山冰層融化 | 乾燥地區的乾旱加劇 |

升。如果海洋的水位持續上升，陸地的沿岸地區或小型島嶼將面臨淹水或沒入水中的危機。

水循環混亂會引發連鎖效應

此外，如果由於氣溫上升而使得海水溫度升高，便會從大海產生大量水蒸氣並積蓄於大氣之中。海上會以這些水蒸氣為能量，形成強大的熱帶低氣壓，進而帶來暴風與豪雨。

另一方面，原本降雨量就少的乾燥地區，則因為氣溫上升而變得愈來愈乾燥，連地下水都將枯竭，遭受缺水的衝擊。

據說當地球的氣溫上升超過極限值，即所謂的「臨界點」，就會引發這一連串水循環的異常變化，一口氣加速氣候變遷。讓我們從下一頁開始詳細探討水循環異常所帶來的各種問題吧。

啟動氣候變遷開關後，水循環會出現這些變化

氣候變遷開關

ON OFF

極地的高速氣流減弱　偏西風減弱

北極的氣溫上升　　極地的冰層融化

高山冰層融化　ON OFF

雲

產生巨大積雨雲　ON OFF

熱帶低氣壓

上升氣流　ON OFF

水蒸氣增加

大量水蒸氣吹往陸地　ON OFF

河川　ON OFF

融化水增加，其後又減少

大陸高氣壓增強　ON OFF

洪水增加

掀起大浪

海面溫度上升　ON OFF

颱風頻仍且大型化

颱風損害增加

乾燥地區的乾旱加劇　ON OFF

信風變得不穩定　ON OFF

海平面上升　ON OFF

地下水枯竭　ON OFF

北極冰層融化　海平面上升　赤道海面溫度上升　頻頻生成熱帶低氣壓　從海洋移往大陸的水蒸氣增加　頻頻形成積雨雲　危險的豪雨增加　重大水災頻仍　高山冰層融化　乾燥地區的乾旱加劇

43

颱風日漸大型化，
擴大了對日本的危害

直接侵襲日本的巨大颱風

　　近年來登陸日本的颱風有大型化的趨勢，尤其是2019年的19號颱風（哈吉貝），在各地帶來破紀錄的豪雨。以東日本為主的17個地區的總雨量超過500㎜，神奈川縣箱根町則達到1000㎜，創下觀測史上最高紀錄。這場大雨導致日本各地的河川相繼氾濫，發生土石流與淹水，有77人喪生且損失了無數房屋。

　　日本每年都有颱風登陸，但是造成這麼大範圍的災情卻很少見，有則說法指出，這與暖化脫不了關係。

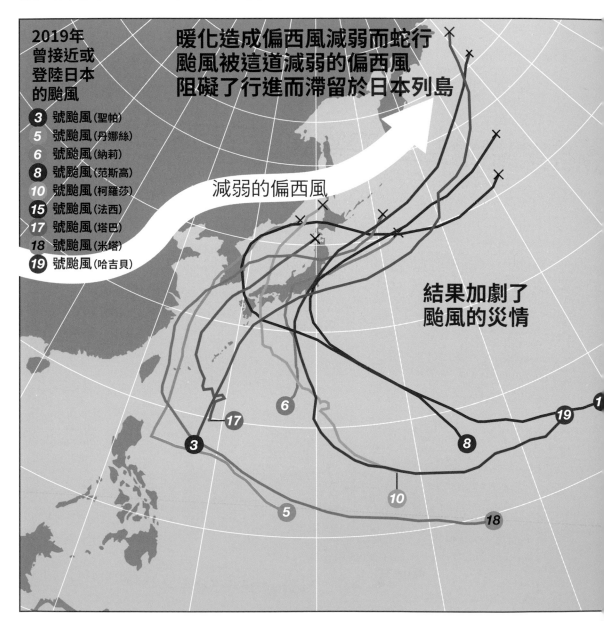

2019年曾接近或登陸日本的颱風

- ❸ 號颱風 (聖帕)
- ❺ 號颱風 (丹娜絲)
- ❻ 號颱風 (納莉)
- ❽ 號颱風 (范斯高)
- ❿ 號颱風 (柯羅莎)
- ⑮ 號颱風 (法西)
- ⑰ 號颱風 (塔巴)
- ⑱ 號颱風 (米塔)
- ⑲ 號颱風 (哈吉貝)

暖化造成偏西風減弱而蛇行
颱風被這道減弱的偏西風
阻礙了行進而滯留於日本列島

減弱的偏西風

結果加劇了颱風的災情

暖化壯大了颱風的強度

颱風是生成於熱帶海面上的熱帶低氣壓壯大了強度後發展而成的。以19號颱風來說，最大瞬間風速在18小時內增強為每秒40m，形成巨大颱風。

一般認為，之所以會在這麼短的時間內就轉為大型颱風，是因為暖化造成海水溫度上升，從海上蒸發的水蒸氣增加所導致。熱帶低氣壓是以大氣中水蒸氣上升並轉化為水時所產生的熱能為燃料，才得以愈變愈大。

因此，水蒸氣愈多，就會不斷注入燃料，使得強度愈趨增強。

19號颱風擴大損害的另一個理由則是，在同一個地方滯留太長時間並降下大雨。這是因為偏西風比起往年往北偏移而削弱了颱風的速度，這也與暖化擾亂大氣循環有關。一般認為，颱風增強且減速的狀況往後還會愈來愈多，必須加強防災措施。

颱風大型化的機制

大量潮溼空氣如漩渦般旋轉湧入颱風的中心

海面溫度高，所以潮溼空氣會陸續上升，雲牆也會不斷擴大、變高

以等高線來觀看這個部分

這個部分的氣壓變得比周遭還低

間隔愈窄則氣壓差愈大

強風從四周吹入

颱風的強風域擴大導致颱風大型化

在日本海洋研究開發機構的全球氣候模擬中，預測強颱將增加6.6%，平均秒速超過15m的強風域則可能擴大10.9%

上升氣流

積雨雲

積雨雲

氣溫超過27℃時所產生的上升氣流

在信風的引導下往西行進

異常氣象導致
世界各地的水災加劇

愈來愈狂暴的熱帶低氣壓

　　日本不是唯一飽受暴風雨等水災之苦的國家。如下方地圖所示，光是2015年至2019年這5年期間，世界各地就發生了各種水災。

　　發展得十分強勁的熱帶低氣壓如果生成於西北太平洋或南海上，一般稱為「颱風」，出現在東北太平洋或大西洋會稱為「颶風」，在印度洋或南太平洋則稱為「氣旋」。此外，最大風速稍弱的颱風或颶風又稱為「熱帶風暴」。無論是哪一種，差別只在於生成地點或風速，發展機制都是一樣的。受到暖化的影響，生成於任何海域的熱

2015～2019年發生
風災、水災與乾旱的受災區地圖

帶低氣壓都不斷增強，也對美國、印度等國家帶來重大災情。

水災頻仍的21世紀

除此之外，大雨在亞洲各地造成洪水災害，歐洲也頻頻出現超出常年降雨量的異常多雨。與其相對的，有些地區則是飽受極端少雨、乾旱與缺水之苦。人類的歷史也是一部對抗自然災害的奮鬥史，尤其到了21世紀以後，水災發生頻率增加，應該可說是受到暖化的影響。

然而，暖化並非水災變嚴重的唯一原因。人類建設水壩、砍伐森林等阻斷了水循環，還有人口集中於臨水都市，這些也會擴大災害的規模。

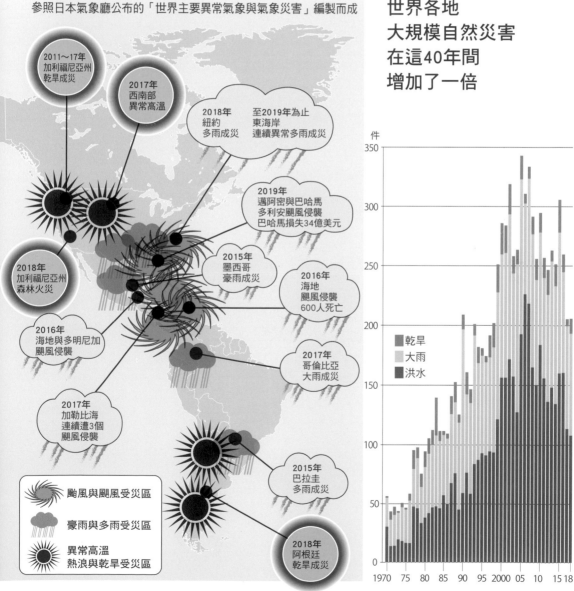

參照日本氣象廳公布的「世界主要異常氣象與氣象災害」編製而成

2011～17年
加利福尼亞州
乾旱成災

2017年
西南部
異常高溫

2018年
紐約
多雨成災

至2019年為止
東海岸
連續異常多雨成災

2019年
邁阿密與巴哈馬
多利安颶風侵襲
巴哈馬損失34億美元

2015年
墨西哥
豪雨成災

2016年
海地
颶風侵襲
600人死亡

2018年
加利福尼亞州
森林火災

2016年
海地與多明尼加
颶風侵襲

2017年
哥倫比亞
大雨成災

2017年
加勒比海
連續遭3個
颶風侵襲

2015年
巴拉圭
多雨成災

颱風與颶風受災區

豪雨與多雨受災區

異常高溫
熱浪與乾旱受災區

2018年
阿根廷
乾旱成災

世界各地
大規模自然災害
在這40年間
增加了一倍

件
350

300

250

200

乾旱
大雨
洪水

150

100

50

0

1970　75　80　85　90　95　2000　05　10　15 18

47

全球水資源分配出現變化，將陷入嚴峻的缺水困境

擴及全球的水資源壓力

地球上的氣候會根據地區而有截然不同的變化，這也意味著世界上的水資源分配並不平等。有些地區的降雨量多，有些地區則幾乎不下雨。據說這種降雨量的差異會因為暖化而愈來愈大，導致陷入缺水困境的地區日益增加。

現在非洲已經面臨由於暖化影響所導致的嚴峻缺水問題。持續多年的嚴重乾旱，再加上水汙染等問題使得可安心飲用的水相當稀少，該地區目前正處於所謂「水資源壓力」的狀態之中。

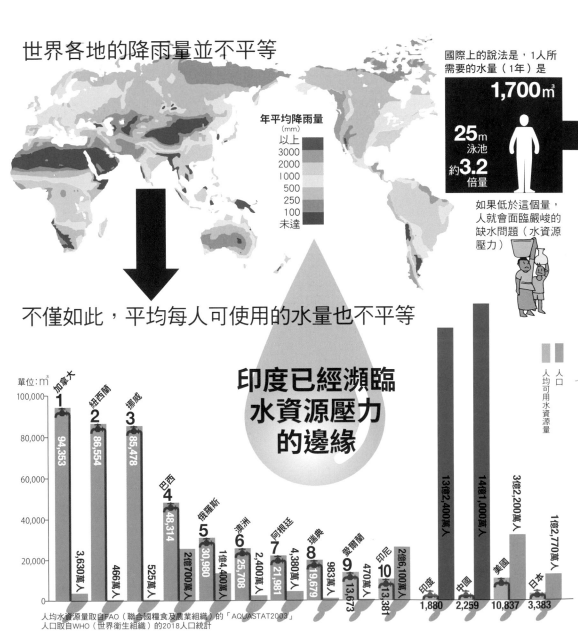

世界各地的降雨量並不平等

年平均降雨量
(mm)
以上
3000
2000
1000
500
250
100
未達

國際上的說法是，1人所需要的水量（1年）是

1,700㎥

25m 泳池
約**3.2**倍大

如果低於這個量，人就會面臨嚴峻的缺水問題（水資源壓力）

不僅如此，平均每人可使用的水量也不平等

印度已經瀕臨水資源壓力的邊緣

人口
人均可用水資源量

單位：㎥

排名	國家	人均水資源量	人口
1	加拿大	94,353	3,630萬人
2	紐西蘭	86,554	466萬人
3	挪威	85,478	525萬人
4	巴西	48,314	2億700萬人
5	俄羅斯	30,980	1億4,400萬人
6	柬埔寨	25,708	2,400萬人
7	阿根廷	21,981	4,380萬人
8	美國	19,679	983萬人
9	辛巴威	13,673	470萬人
10	印尼	13,381	2億6,100萬人
	印度	1,880	13億2,400萬人
	中國	2,259	14億1,000萬人
	美國	10,837	3億2,200萬人
	日本	3,383	1億2,770萬人

人均水資源量取自FAO（聯合國糧食及農業組織）的「AQUASTAT2003」
人口取自WHO（世界衛生組織）的2018人口統計

人口成長加速了水資源的短缺

一般認為，人類在生活用水、農業、工業與發電等方面所需要的水量，是每年每人至少1,700m³。低於這個水量的狀態即為「水資源壓力」，低於1,000m³稱為「缺水」，若再下探至500m³，則為「絕對缺水」。

左頁下方的圖表是按國家來表示人均每年可使用的水資源量。位居首位的加拿大，每人可使用的水超過9萬m³，相較之下，面積差不多大的中國卻只有2,259m³可用。畢竟中國的人口大約是加拿大的40倍，是世界上人口最多的國家。很明顯的，如果人口再繼續成長，將會導致水資源不足。

印度的人口僅次於中國，位居世界第二，由於乾旱與地下水枯竭，已經有6億人陷入缺水的困境之中。

經濟合作暨發展組織（OECD）已經敲響了警鐘，預計到了2050年，全世界約40億人將面臨水資源壓力。

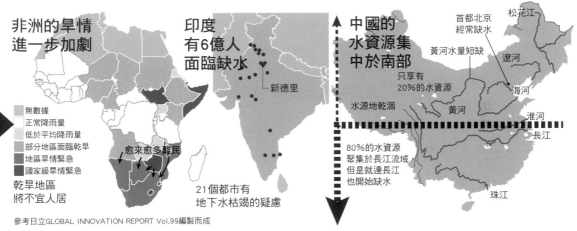

非洲的旱情進一步加劇

無數據
正常降雨量
低於平均降雨量
部分地區面臨乾旱
地區旱情緊急
國家級旱情緊急

乾旱地區將不宜人居

愈來愈多難民

印度有6億人面臨缺水

新德里

21個都市有地下水枯竭的疑慮

中國的水資源集中於南部

首都北京經常缺水
松花江
黃河水量短缺
遼河
海河
黃河
淮河
長江
珠江

只享有20%的水資源
水源地乾涸

80%的水資源聚集於長江流域但是就連長江也開始缺水

參考日立GLOBAL INNOVATION REPORT Vol.99編製而成

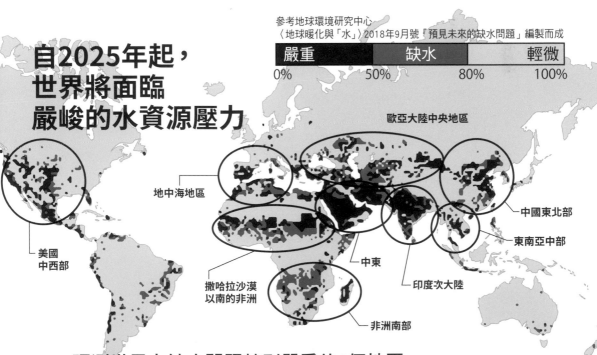

自2025年起，世界將面臨嚴峻的水資源壓力

參考地球環境研究中心〈地球暖化與「水」〉2018年9月號「預見未來的缺水問題」編製而成

嚴重	缺水	輕微
0%　　　　50%	80%	100%

歐亞大陸中央地區

地中海地區

中國東北部

東南亞中部

美國中西部

撒哈拉沙漠以南的非洲

中東

印度次大陸

非洲南部

預測世界上缺水問題特別嚴重的9個地區

Part 3 大規模的氣候變遷已經開始 ⑩

兩大碳排放國 美國與中國的缺水問題

美國的地下水正在枯竭

令人意外的是，不用等到2050年，美國就有可能陷入缺水的困境之中。乾旱在美國內陸地區早已見怪不怪，但是到了21世紀，發生的頻率卻變高了。比方說，加利福尼亞州從2011年至2017年為止，已經連續遭受破紀錄的乾旱侵襲，還屢屢發生野火。

一般認為乾旱的原因在於暖化所引起的大氣變遷，不過加速美國缺水危機的卻是超抽地下水。持續使用幫浦從地底抽取大量的農業用水，結果導致奧加拉拉含水層這個世界屈指可數的地下水層的水位下降，面臨枯

美國在這20年間飽受乾旱之苦

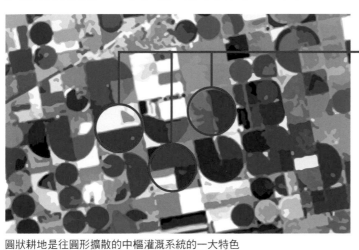

圓狀耕地是往圓形擴散的中樞灌溉系統的一大特色

中樞灌溉系統的灌溉方式
可謂世界糧倉的中西部地區降雨量少，一直以來都是仰賴地下水，即世界最大的奧加拉拉含水層。據預測，這些歷經幾萬年儲存下來的地下水將會枯竭

用幫浦抽取　　旋轉
地下水　　田地
地下水的水域下降　　1000公尺處也有地下水
含水層

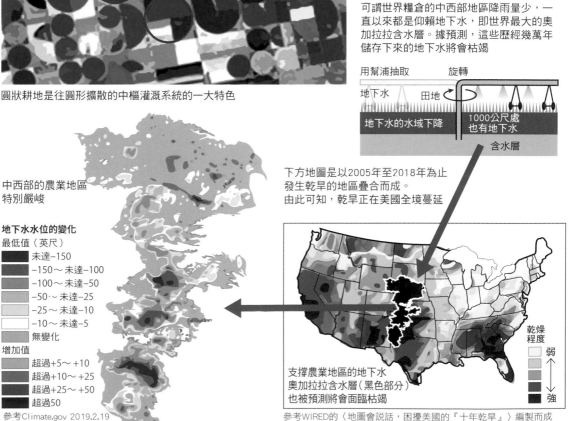

中西部的農業地區特別嚴峻

地下水水位的變化
最低值（英尺）
- 未達–150
- –150～未達–100
- –100～未達–50
- –50・～未達–25
- –25～未達–10
- –10～未達–5
- 無變化

增加值
- 超過+5～+10
- 超過+10～+25
- 超過+25～+50
- 超過50

參考Climate.gov 2019.2.19的報導編製而成

下方地圖是以2005年至2018年為止發生乾旱的地區疊合而成。
由此可知，乾旱正在美國全境蔓延

乾燥程度
弱 ↑↓ 強

支撐農業地區的地下水奧加拉拉含水層（黑色部分）也被預測將會面臨枯竭

參考WIRED的〈地圖會說話，困擾美國的『十年乾旱』〉編製而成

竭的危機。

中國的水資源問題重重

　　中國目前也瀕臨缺水危機。中國人口占世界人口的20％，卻只享有全球6％的淡水資源。不僅如此，降雨多集中於南部，首都北京所在的北部已經開始出現慢性缺水的問題。有說法指出，隨著暖化進一步破壞水循環，河川的水量往後很有可能還會逐漸減少。

　　然而，中國水問題的最大主因在於近年來的快速經濟成長。工廠排放汙水造成水汙染、過度抽水、輕率的水壩建設等，導致連黃河下游都漸漸乾涸。

　　無論是美國還是中國，助長缺水的都是人為因素。此外，光是這兩個國家所排放的CO_2量，就占了全球的4成以上，使得問題更加根深蒂固。

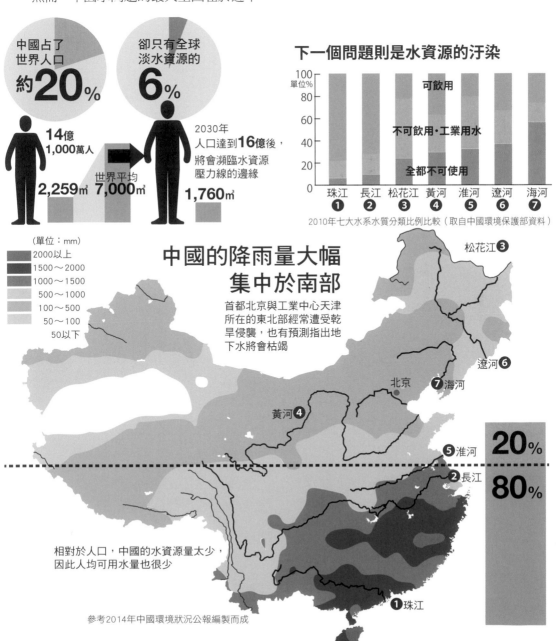

中國占了世界人口
約**20**%

卻只有全球淡水資源的
6%

14億**1,000**萬人

2,259㎥　世界平均**7,000**㎥

2030年人口達到**16**億後，將會瀕臨水資源壓力線的邊緣

1,760㎥

下一個問題則是水資源的汙染

單位%

可飲用

不可飲用‧工業用水

全都不可使用

珠江❶　長江❷　松花江❸　黃河❹　淮河❺　遼河❻　海河❼

2010年七大水系水質分類比例比較（取自中國環境保護部資料）

（單位：mm）
2000以上
1500～2000
1000～1500
500～1000
100～500
50～100
50以下

中國的降雨量大幅集中於南部

首都北京與工業中心天津所在的東北部經常遭受乾旱侵襲，也有預測指出地下水將會枯竭

松花江❸
遼河❻
北京　❼海河
黃河❹
❺淮河　**20**%
❷長江　**80**%
❶珠江

相對於人口，中國的水資源量太少，因此人均可用水量也很少

參考2014年中國環境狀況公報編製而成

51

Part 3
大規模的氣候變遷 已經開始 ⑪

對全球農業的影響與 食品進口大國日本面臨的問題

🐾 氣溫上升導致收成量減少

　　暖化會直接打擊與自然為伍的農業。對作為主食的穀物之產地所造成的影響格外令人擔憂。美國、印度與中國等主要的穀物產地已經因為乾旱或地下水枯竭等,使得產量大幅減少,對農業造成重大打擊。

　　美國史丹佛大學徹底調查了過去的數據後,釐清了以下事實:一旦氣溫上升高於平均2℃,小麥的生長期就會縮短9天,導致收成量減少2成。如果氣溫在生長期尾聲超過適當溫度,植物就會無法順利進行光合作用,致使發育不良。

暖化造成的世界農業損害地圖

小麥

世界
3大主要產地
皆蒙受損害

這3張地圖是日本的農研機構所編製,顯示出過去27年間暖化對農業生產造成的損害程度

玉米

大豆

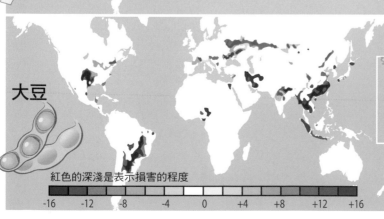

紅色的深淺是表示損害的程度

| -16 | -12 | -8 | -4 | 0 | +4 | +8 | +12 | +16 |

小麥未來的損害預測
美國史丹佛大學的團隊使用衛星數據預測了高溫對小麥生長的影響

如果氣溫上升2℃

小麥	20%OFF

產量將會減少2成
取自AFP(2012.1.30)文章

玉米未來的損害預測
對產量居全球之冠的美國所造成的影響最大

	氣溫上升2℃	氣溫上升4℃
美國	-17.8%	-46.5%
中國	-10.4%	-27.4%
巴西	-7.9%	-19.4%
阿根廷	-11.6%	-28.5%

取自inside climate news(2018.6.11)報導

大豆未來的損害預測
世界最大生產國仍是美國,預估產量將會減少

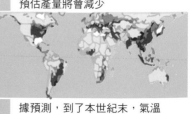

據預測,到了本世紀末,氣溫上升1.8℃就會造成現有產地的產量減少(地圖上的紅色地區)
取自農研機構的報告

仰賴糧食進口的日本的難題

倘若世界糧食產地面臨危機，日本也會受到影響。正如我們從下方圖表所看到的，日本的糧食自給率不到4成，大部分的糧食都是仰賴進口。

要生產糧食，就必須要有大量的水。進口糧食就等同於進口該產地所使用的水。「虛擬水（Virtual Water）」使可淺顯易懂地呈現出這種看不見的水。這是利用數字來表示，如果要在自己國家生產相同的產品，需要多少的水，而日本每年進口的虛擬水高達約800億m³。這也道出日本在水方面對他國已經仰賴到這種程度。

倘若出口糧食給日本的那些國家皆因為暖化導致缺水與作物歉收愈來愈嚴重，日本的飲食應該會被迫做出重大改變。

日本的糧食自給率

進口 **63%**
自給 **37%**

已開發國家中糧食自給率最低的日本所面臨的問題

加拿大 **264**
澳洲 **223**
美國 **130**
法國 **127**
德國 **95**
英國 **63**
義大利 **60**
瑞士 **50**
日本 **37**

以熱量計算的糧食自給率

在供應每位國民1天食物的總熱量中，國產食物的熱量所占的比例

（日本的是2018年，其他則是2013年的數據）

這些糧食生產還存在著另一個大問題，即生產糧食會使用大量的「水」

進口糧食也就意味著進口「水」。這種「水」被稱為虛擬水

生產1kg牛肉所使用的水量為 **15,415公升**

這是計算如果要在自己國家生產與進口品相同的產品需要多少的水。日本是世界數一數二的虛擬水進口國，一般預測當那些出口國因暖化而缺水時，日本將會受到巨大影響

大麥‧裸麥20 140
米 24
牛 140
豬 36
雞 25
乳製品 22
工業製品 13
億m³/每年
小麥 94
大豆 121
玉米 145

東京大學　沖大幹教授的團隊所做的估算

日本是虛擬水進口國

虛擬水

日本的進口量每年為

約800億m³

0 10 20 30　50　100　200　300

根據日本環境省　特定非營利活動法人　日本水論壇的資料編製而成

冰層融化導致海平面上升，世界各地的都市將沒入水中

開始融化的北極圈冰層

日本宇宙航空研究開發機構（JAXA）於2012年5月發射了水循環變動觀測衛星「水滴號」，觀測著地球上的水循環。開始觀測不久後的同年7月12日，「水滴號」便捕捉到北極圈內格陵蘭島的冰層幾乎全境都在升溫，就連通常夏季也凍結的內陸區也被觀測到表面處於融化狀態。

事實上，當時北極圈正經歷連續的異常高溫。光是那一年從冰層流出的水，就讓地球海平面上升超過1mm。格陵蘭島的冰層正因為暖化而急速融化中。據估算，面積約173萬km^{2}且平均厚達1,500m的冰層一旦全部融化，海平面將會上升7m之多。

海平面上升將導致大都市淹水

不僅限於格陵蘭島，南極的冰層與高原上的冰河也開始因為暖化而融化，導致海平面上升中。一般預測，全球平均海平面每年將上升3mm左右，到了21世紀中葉，最少會上升26cm、最多甚至會上升98cm。

一旦海平面上升，一些海拔較低的小型群島將會面臨沒入水中的危機。此外，東京、紐約與上海等世界主要都市大多都臨海，所以很有可能因為淹水成災而迫使無數人移居。

日本的水循環變動觀測衛星「水滴號」已證實格陵蘭島的冰層正在融化

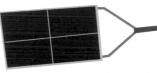

2012年夏天，「水滴號」觀測到格陵蘭島冰層表面的全境溫度已經達到融化溫度

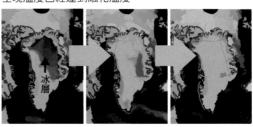

深綠色部分為冰層。7月10日（左）還在的冰層在2天後（右）消失了。資料取自JAXA官網

有研究報告指出，如果在格陵蘭島的這些冰層全部融化的情況下，全球海平面將上升7m

北極圈的溫度正以其他地區2倍以上的速度上升中

─ 世界平均
─ 北極圈
─ 北半球中緯度
─ 赤道附近

還有西伯利亞的永久凍土也在融化中

占了北半球面積20%的永久凍土（藍色部分）正在融化。土中的甲烷氣體被釋放到大氣之中，促進了暖化

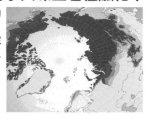

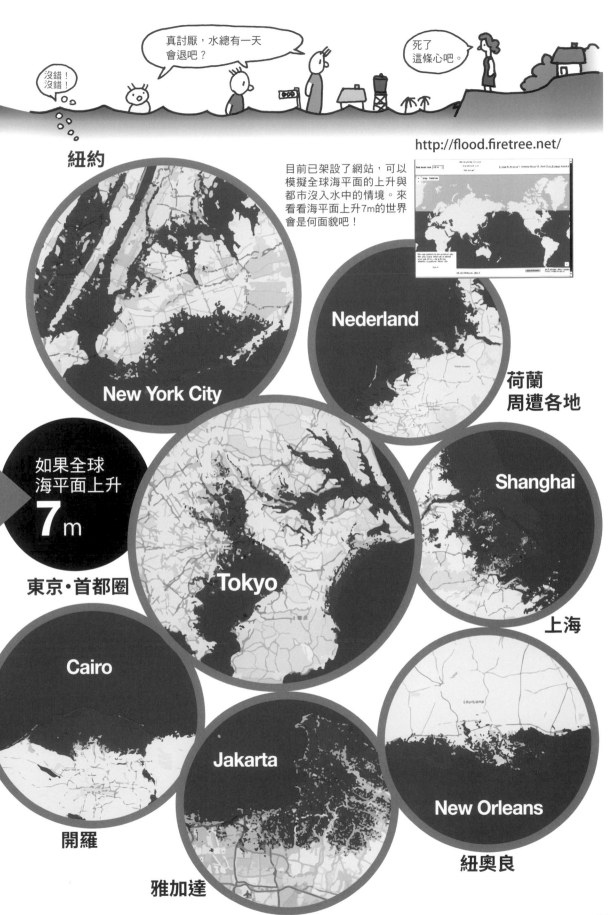

地球的生態系統劇變，將有無數動植物絕種

生物往北或高地遷徙

暖化現象對於地球上的所有生物都會造成影響。近幾年來，櫻花的開花時期與燕子飛來的時期比以前還要早，也是地球正持續暖化的證據。

如果氣溫再這樣繼續上升，生物界會發生什麼樣的狀況呢？首先可以預料到的是，生物的分布將會發生變化。動物會往北遷徙，尋求牠們能夠適應的氣候。植物的生長地區也會逐漸從低地轉移至高地。無法移動的樹木或許會無法適應氣候變化而消失無蹤。

生物圈因暖化而往北移動

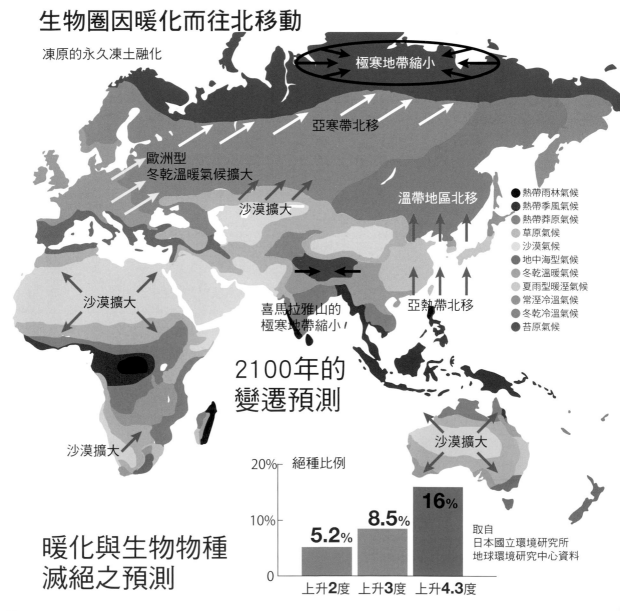

凍原的永久凍土融化

極寒地帶縮小

亞寒帶北移

歐洲型冬乾溫暖氣候擴大

沙漠擴大

溫帶地區北移

沙漠擴大

喜馬拉雅山的極寒地帶縮小

亞熱帶北移

● 熱帶雨林氣候
● 熱帶季風氣候
● 熱帶莽原氣候
草原氣候
沙漠氣候
● 地中海型氣候
● 冬乾溫暖氣候
夏雨型暖溼氣候
常溼冷溫氣候
冬乾冷溫氣候
● 苔原氣候

2100年的變遷預測

沙漠擴大

沙漠擴大

暖化與生物物種滅絕之預測

絕種比例
20%
10%
0

5.2% 上升2度
8.5% 上升3度
16% 上升4.3度

取自日本國立環境研究所地球環境研究中心資料

2～3成的生物將會絕種

一般預測，當全球平均氣溫上升 1.5～2.5℃，20～30％的生物將會面臨絕種危機。

其中一例便是在北極海冰上捕食的北極熊。由於全球暖化，無冰期變長，有愈來愈多北極熊無法捕捉獵物而衰弱。據說如果再這樣繼續暖化下去，到了21世紀中葉左右，北極熊的數量將減少為3分之1。

同樣的，非洲象與無尾熊也面臨乾旱所造成的缺水危機，綠蠵龜與藍鯨則面臨水溫上升與溶入海水中的 CO_2 增加等，這些都可能會威脅到物種的存續。失去任一物種都有可能打破食物鏈，進而影響到整個生態系統。

然而，造成生物絕種的不光是氣候變遷，還有人類對自然的破壞、濫捕、引進外來種等原因也不容忽視。

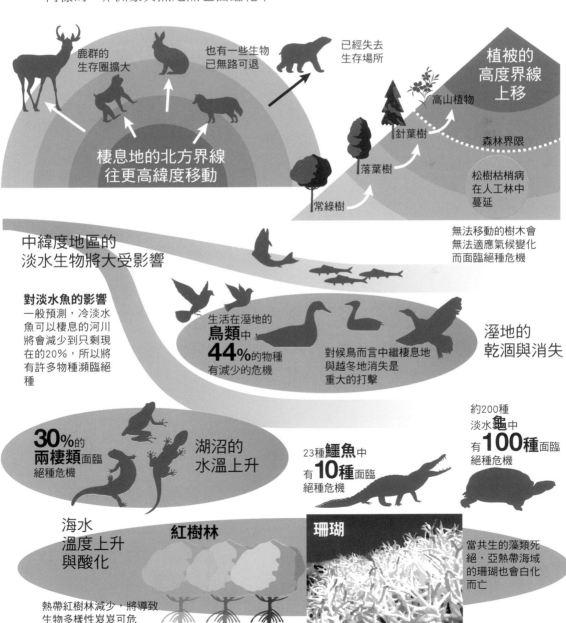

鹿群的生存圈擴大

也有一些生物已無路可退

已經失去生存場所

棲息地的北方界線往更高緯度移動

植被的高度界線上移

高山植物

針葉樹

森林界限

落葉樹

松樹枯梢病在人工林中蔓延

常綠樹

無法移動的樹木會無法適應氣候變化而面臨絕種危機

中緯度地區的淡水生物將大受影響

對淡水魚的影響
一般預測，冷淡水魚可以棲息的河川將會減少到只剩現在的20%，所以將有許多物種瀕臨絕種

生活在溼地的**鳥類**中有**44%**的物種有減少的危機

對候鳥而言中繼棲息地與越冬地消失是重大的打擊

溼地的乾涸與消失

30%的**兩棲類**面臨絕種危機

湖沼的水溫上升

23種**鱷魚**中有**10種**面臨絕種危機

約200種淡水**龜**中有**100種**面臨絕種危機

海水溫度上升與酸化

紅樹林

熱帶紅樹林減少，將導致生物多樣性岌岌可危

珊瑚

當共生的藻類死絕，亞熱帶海域的珊瑚也會白化而亡

以動物與水爲媒介的
傳染病傳播範圍擴大

帶有傳染病的生物北移

截至2020年6月爲止，尚未釐清肆虐全球的新型冠狀病毒與暖化之間的關係。然而，有則說法指出，當攜帶病毒的生物若因暖化而改變了分布範圍，與人類接觸的機會就會增加，導致傳染病更容易擴散。

蚊類是瘧疾、登革熱與日本腦炎等的傳播媒介，而暖化有可能擴大其棲息地。

聯合國兒童基金會的報告指出，2018年全世界有高達約26萬名的5歲以下兒童死於瘧疾。其中大多爲上下水道設施不完善的非洲孩童。瘧疾是以生於積水的瘧蚊爲媒介所傳播的疾病。日本過去雖然也有過病

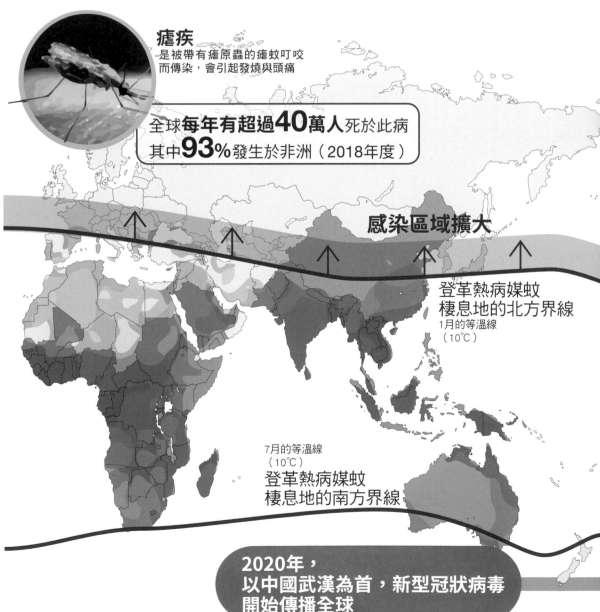

瘧疾
是被帶有瘧原蟲的瘧蚊叮咬而傳染，會引起發燒與頭痛

全球**每年有超過40萬人**死於此病
其中**93%**發生於非洲（2018年度）

感染區域擴大

登革熱病媒蚊
棲息地的北方界線
1月的等溫線
（10℃）

7月的等溫線
（10℃）
登革熱病媒蚊
棲息地的南方界線

**2020年，
以中國武漢爲首，新型冠狀病毒
開始傳播全球**

例，但後來由於衛生狀態與居家環境有所改善，如今已不再發生。然而，據說如果氣溫隨著暖化而上升，很有可能再次流行起來。

此外，目前已確定登革熱的傳播媒介白線斑蚊也有棲息於日本，且其分布區域正逐漸北移。

經水傳播的傳染病也會擴大

另有一些傳染病是經由水傳染給人類的。較具代表性的疾病便是霍亂，會因喝下遭霍亂弧菌汙染的水而發病。如今大多發生

在缺乏安全飲用水的非洲與印度等地，不過如果因為暖化導致水溫上升，感染區域就有可能進一步擴大。此外，連續高溫會使人體力衰退，恐怕會有愈來愈多人因傳染病而喪命。

登革熱
以埃及斑蚊與白線斑蚊為傳播媒介，嚴重的話會出現登革出血熱

全球每年估計有1億人感染
全球案例以都市地區為中心驟增

因水汙染擴大而蔓延開來 ──傳染病──

霍亂
遭霍亂弧菌汙染的水等為感染源。如果海水溫度因為暖化而上升，霍亂弧菌也會隨之增加

傷寒
遭傷寒沙門氏菌汙染的水等為感染源。在亞洲、中南美洲與非洲等地蔓延

痢疾
遭痢疾桿菌汙染的水等為感染源。常見於印度與印尼等亞洲地區

每天有1,600名開發中國家的孩子因不潔環境所造成的腹瀉等而喪命

氣溫上升1℃
就足以讓傳染病擴散
瘧疾的傳染地區 和

風險小	風險大

登革熱的傳染地區

有發生風險	曾經發生

這種冠狀病毒的大流行與氣候變遷之間的關聯性尚無定論

然而，靈長類動物學家珍古德博士控訴，引發地球氣候變遷的人類對大自然與野生動物的輕視，是這場全球性大流行的起因

59

在冰層融化的北極海上
展開資源與航路的爭奪戰

縮短運輸路徑的北極海航路

人們擔心北極的冰層會因為暖化而融化，但另一方面又有意利用這種狀況而有所行動。

其中一項行動便是規劃了一條名為「北極海航路」的航線。在此之前，連接東亞與歐洲的航線一般都是選擇通過埃及蘇伊士運河的南行路線，然而，通過北極海的路線近年來備受矚目。如今已有2條航線，分別為通過加拿大側的「西北航路」與通過俄羅斯側的「東北航路」，俄羅斯政府將東北航路稱為北極海航路。

北極海航路自1932年以來都是由蘇聯（後來的俄羅斯）所管控，是條行徑路線受到冰層阻礙的艱難路線，一直都不太能有效地運用。然而，暖化導致海冰減少，所以夏季的特定期間內已經可以通行。

只要使用這條路線，航行距離就能夠比南行路線縮短4成左右，燃料費也較低廉，因此以日本為首，各國都已經開始利用這條航線。

沉睡於北極海的天然資源

北極海之所以受到矚目，還有一個理由。根據美國地質調查局的資料所示，全球尚待發掘的石油與天然氣有22％位於北極海。

因此，俄羅斯、加拿大、美國、丹麥與挪威等周邊國家皆為了爭奪天然資源的權利而展開攻防戰。不僅如此，就連中國也開始有所行動，打算開發沉睡於北極海的資源並透過北極海航路來運送。

北極海爭奪戰驟然而起，得以開採會排放CO₂的新化石燃料全拜排放CO₂所引發的暖化所賜，實在太諷刺了。

格陵蘭為了管轄地下資源而希望從丹麥獨立出來

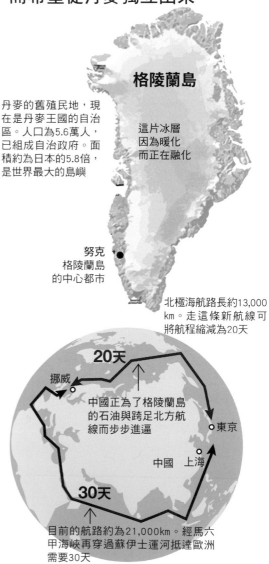

格陵蘭島

丹麥的舊殖民地，現在是丹麥王國的自治區。人口為5.6萬人，已組成自治政府。面積約為日本的5.8倍，是世界最大的島嶼

這片冰層因為暖化而正在融化

努克
格陵蘭島的中心都市

北極海航路長約13,000 km。走這條新航線可將航程縮減為20天

20天

挪威

中國正為了格陵蘭島的石油與跨足北方航線而步步進逼

東京

中國　上海

30天

目前的航路約為21,000km。經馬六甲海峽再穿過蘇伊士運河抵達歐洲需要30天

北極海已成為新的開闢之地

美國也可以花錢買下格陵蘭島喔。

美國的川普總統突然表示

俄羅斯對暖化喜聞樂見。無人的凍土將會是一座寶庫。

俄羅斯的普丁總統欣喜若狂

通往日本與中國的白令海峽

阿拉斯加（美國）

俄羅斯

加拿大

北極點

格陵蘭島

北極海

西北航路

東北航線

芬蘭

挪威　瑞典

石油與天然氣資源埋藏處

加拿大的杜魯多總理聲明

這條路線屬於加拿大的領海，倘若他國隨意通過，是有意令本國為難。

據說世界上尚未發掘的石油與天然氣資源有 **22**% 位於這片北極海中

俄羅斯已經建構了地下資源開發體制

俄羅斯 俄羅斯天然氣工業股份公司

美國 埃克森美孚

義大利 ENI（碳氫化合物關係企業）

氣候變遷與南北問題，北方排放的CO₂使南方遭殃

已開發國家的CO₂壓倒性地多

氣候變遷是會影響全球的問題，需要所有國家都致力於減少CO₂等各種溫室氣體。然而，並非所有國家的碳排放量都一樣。

下方圖表標示出全球碳排放量的推移。可以看出是從18世紀後半葉的工業革命開始增加，並從1950年代開始急速攀升。再看看排放國的名單便會發現，絕大多數都是參加經濟合作暨發展組織（OECD）的北美、歐洲與日本等已開發國家。近年來，隨著中國與印度的顯著發展，亞洲的排放量也持續增加。

另一個圖表則顯示，即便依人均碳排放

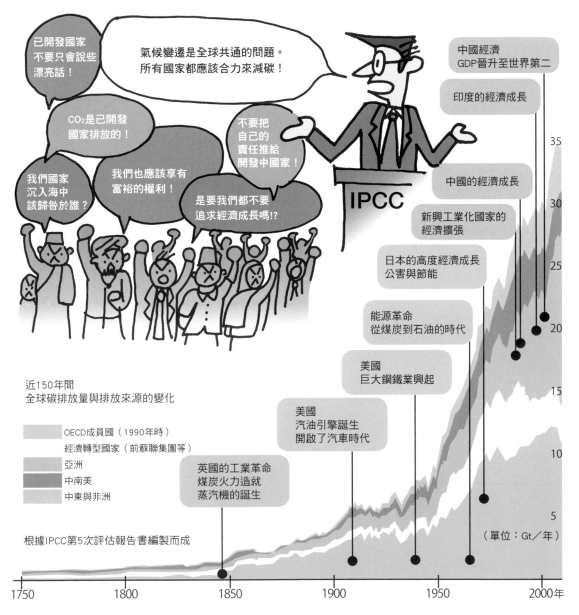

近150年間
全球碳排放量與排放來源的變化

OECD成員國（1990年時）
經濟轉型國家（前蘇聯集團等）
亞洲
中南美
中東與非洲

根據IPCC第5次評估報告書編製而成

量來看，仍舊是以美國為首的各個已開發國家的排放量居多。

承受暖化之害的開發中國家

另一方面，據說開發中國家的碳排放量只占了全世界的2成左右。儘管如此，乾旱所引起的缺水、海平面上升所引起的洪水與淹水等，這類暖化所引起的嚴重災害，卻大多由開發中國家承受。

一般來說，已開發國家多位於北方，開發中國家則多位於南方，兩者之間的經濟差距被稱為「南北問題」，然而，在氣候變遷這個全球性的問題中，已經產生另一種南北問題，即北方已開發國家所排放的CO2導致南方開發中國家受害。此外，一般預測將來的農耕地與漁場將會因為氣溫上升而往北移動，從中受益的仍舊是北方諸國。

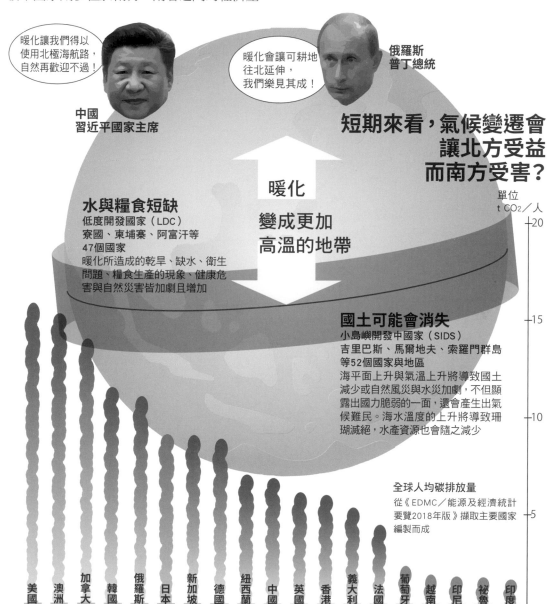

暖化讓我們得以使用北極海航路，自然再歡迎不過！

中國
習近平國家主席

暖化會讓可耕地往北延伸，我們樂見其成！

俄羅斯
普丁總統

Part 3

短期來看，氣候變遷會讓北方受益而南方受害？

暖化
變成更加
高溫的地帶

水與糧食短缺
低度開發國家（LDC）
寮國、柬埔寨、阿富汗等
47個國家
暖化所造成的乾旱、缺水、衛生問題、糧食生產的現象、健康危害與自然災害皆加劇且增加

國土可能會消失
小島嶼開發中國家（SIDS）
吉里巴斯、馬爾地夫、索羅門群島等52個國家與地區
海平面上升與氣溫上升將導致國土減少或自然風災與水災加劇，不但顯露出國力脆弱的一面，還會產生出氣候難民。海水溫度的上升將導致珊瑚滅絕，水產資源也會隨之減少

單位
t CO2／人

全球人均碳排放量
從《EDMC／能源及經濟統計要覽2018年版》擷取主要國家編製而成

美國	澳洲	加拿大	韓國	俄羅斯	日本	新加坡	德國	紐西蘭	中國	英國	香港	義大利	法國	葡萄牙	越南	印尼	祕魯	印度
15.8	15.2	14.0	11.4	11.0	9.02	9.0	8.73	7.01	6.81	6.12	5.96	5.32	4.42	2.28	1.83	1.75	1.73	1.61

（單位 t CO2／人）

氣候變遷新衍生出的
「氣候難民」將超過 1 億人

來自淹沒島嶼的SOS

2020年1月，聯合國首度核可以氣候變遷為由的難民申請。其契機源於2015年吉里巴斯的居民申請移居紐西蘭卻遭否決一事。

吉里巴斯是由太平洋上諸多小島所構成的國家。由於海拔較低，因此暖化現象造成的海平面節節上升，已經對該地人們的生活構成威脅。雖然該國居民的難民申請最終被認定為「非危及生命之事態」而未獲得核可，不過這件事讓世界開始留意到「氣候難民」的問題。

如果再繼續這樣暖化下去，導致氣候變遷變得極端……

將有 **1億4,300萬名**
氣候難民因而產生
（世界銀行的預測）

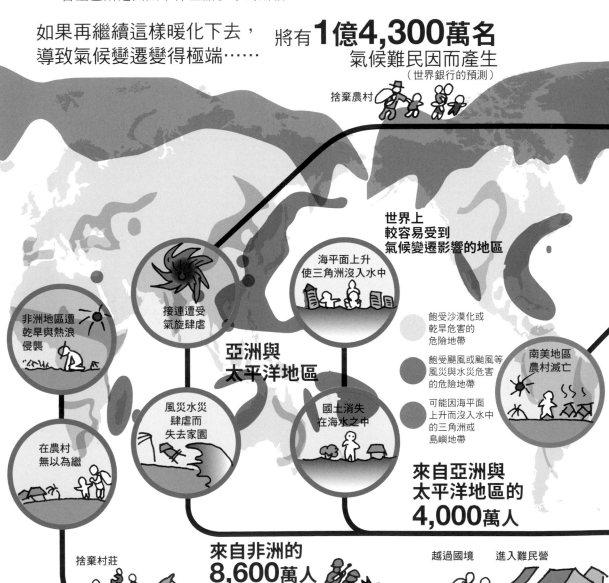

捨棄農村

世界上較容易受到氣候變遷影響的地區

海平面上升使三角洲沒入水中

飽受沙漠化或乾旱危害的危險地帶

飽受颶風或颱風等風災與水災危害的危險地帶

可能因海平面上升而沒入水中的三角洲或島嶼地帶

非洲地區遭乾旱與熱浪侵襲

接連遭受氣旋肆虐

亞洲與太平洋地區

南美地區農村滅亡

在農村無以為繼

風災水災肆虐而失去家園

國土消失在海水之中

來自亞洲與太平洋地區的 **4,000萬人**

捨棄村莊

來自非洲的 **8,600萬人**
逃離政府或恐怖組織的暴力

越過國境　進入難民營

氣候難民的收容迫在眉睫

不光是吉里巴斯，據說吐瓦魯與馬爾地夫等島國也面臨海平面持續上升的危機，再這樣下去，幾乎整座島嶼都會沒入水中而無法住人。此外，由於乾旱造成缺水或缺糧、暴風雨造成洪水等，也有不少人因此被迫避難或移居。

負責為開發中國家提供經濟支援的世界銀行發出了警告：到2050年為止，將衍生出1億4,300萬名氣候難民。究其細節，

目前估計撒哈拉以南乾旱連連的非洲將會有8,600萬人、自然災害頻仍的南亞有4,000萬人，為農作物歉收所苦的中南美洲則有1,700萬人。

如果將會有這麼多人跨越國境移動，各國勢必得做好應對的準備，以便提供國際支援與收容。然而，難民日益增加的背後成因不僅限於氣候變遷，大多數還牽扯到貧窮、衝突與迫害等，必須有慎重的應對之策。

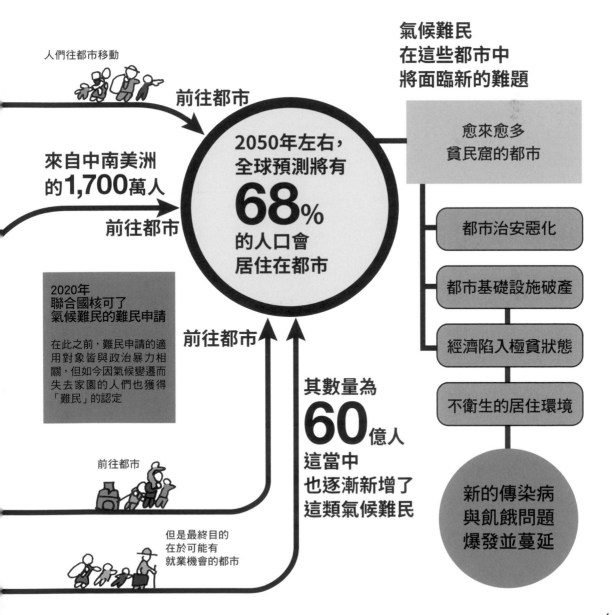

人們往都市移動

前往都市

來自中南美洲的1,700萬人

前往都市

2050年左右，全球預測將有 **68%** 的人口會居住在都市

2020年
聯合國核可了
氣候難民的難民申請

在此之前，難民申請的適用對象皆與政治暴力相關，但如今因氣候變遷而失去家園的人們也獲得「難民」的認定

前往都市

前往都市

其數量為 **60**億人 這當中也逐漸新增了這類氣候難民

但是最終目的在於可能有就業機會的都市

氣候難民在這些都市中將面臨新的難題

愈來愈多貧民窟的都市

都市治安惡化

都市基礎設施破產

經濟陷入極貧狀態

不衛生的居住環境

新的傳染病與飢餓問題爆發並蔓延

氣候變遷將導致
全球水資源之爭愈演愈烈

🌀 中國主宰著湄公河

有種較普遍的說法：如果20世紀是爭奪石油的時代，那麼21世紀將會是爭奪水源的時代。氣候變遷造成缺水問題日益嚴峻，水如今已然成為一種寶貴的資源。

以下便是一個較代表性的水源爭奪案例。中國在湄公河的議題上與其他下游國家針鋒相對，這個問題近年來尤為嚴重。為了發展水力發電，位於湄公河上游的中國接連建設了巨大的水壩，河水因而遭到攔阻，導致下游的水量減少；另一方面，也因為水壩洩洪而引起下游的洪水氾濫，位於該流域一直以來仰賴湄公河過活的寮國、越南、泰國

從湄公河上游襲捲而來，東南亞「水」戰爭的預兆
中國vs越南、泰國、寮國與柬埔寨

雲南小灣水庫高約300m，發電量為188億kw。自2004年起開始攔截湄公河上游的河水

中國試圖從上游來管控湄公河

目前有7座水壩正在運作

湄公河委員會
泰國、寮國、柬埔寨、越南＋美國都對中國提出抗議

- 雲南水壩在降雨時節洩洪，屢屢引發洪水氾濫。水位的上升使漁業資源不斷流失！！
- 旱季會受到雲南水壩的影響而使水位嚴重下降！！
- 湄公河三角洲的水位下降，導致海水倒灌而於稻田引發鹽害。已經影響到稻米的收成！！

中亞的水資源之爭正導致鹹海枯涸
中亞諸國

昔日的鹹海
現在的鹹海
錫爾河
哈薩克
烏茲別克
吉爾吉斯
土庫曼
阿姆河
塔吉克

蘇聯解體後，前蘇聯各國在錫爾河與阿姆河的供水方面發生衝突，結果導致死海不斷枯竭

從獨立時的內亂至今，國境與「水」的宿怨之爭
印度vs巴基斯坦

印度河的支流
水壩
巴基斯坦領土
印度實際控制的領域
隧道
發電廠
印度領土
印度河的支流
喀什米爾
白沙瓦
水源
吉薩岡戈發電廠
阿富汗
印度河
新德里
巴基斯坦
印度
阿拉伯海

印度與巴基斯坦在脫離英國獨立時，爆發了激烈的內戰，最終成為兩個不同的國家。當時的國境紛爭與水資源之爭一直持續至今

與柬埔寨等國紛紛群起撻伐。

　　湄公河流域本來就飽受異常氣象所引起的缺水之苦，導致漁業與農業衰退。人們憂心中國的水壩建設恐怕會使事態更加惡化。

已展開水源爭奪戰的以色列

　　另一方面，以色列與巴勒斯坦之間的水源爭奪戰已經從半個世紀前持續至今。在1967年的第3次中東戰爭中，以色列占領了水資源豐富的約旦河西岸與戈蘭高地。自此之後，原本居住在該地的巴勒斯坦人在用水方面受到嚴格限制，僅分配到以色列人的3分之1。

　　不僅如此，氣候變遷還導致降雨量減少，約旦河的水量正逐漸減少中。以巴衝突最初始於宗教與民族的對立，而水資源分配不均進一步激化了對立。

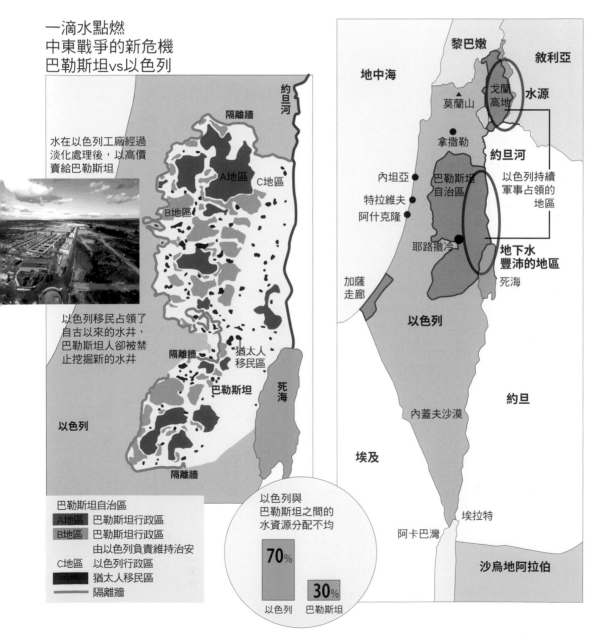

一滴水點燃
中東戰爭的新危機
巴勒斯坦vs以色列

約旦河

隔離牆

水在以色列工廠經過
淡化處理後，以高價
賣給巴勒斯坦

A地區　C地區

B地區

以色列移民占領了
自古以來的水井，
巴勒斯坦人卻被禁
止挖掘新的水井

隔離牆

猶太人
移民區

巴勒斯坦

死海

以色列

隔離牆

巴勒斯坦自治區
A地區　巴勒斯坦行政區
B地區　巴勒斯坦行政區
　　　　由以色列負責維持治安
C地區　以色列行政區
　　　　猶太人移民區
　　　　隔離牆

以色列與
巴勒斯坦之間的
水資源分配不均

70% 以色列
30% 巴勒斯坦

黎巴嫩

敘利亞

地中海

莫蘭山

戈蘭
高地　水源

拿撒勒

約旦河

內坦亞

巴勒斯坦
自治區

以色列持續
軍事占領的
地區

特拉維夫
阿什克隆

耶路撒冷

地下水
豐沛的地區

死海

加薩
走廊

以色列

約旦

內蓋夫沙漠

埃及

埃拉特

阿卡巴灣

沙烏地阿拉伯

67

Part 3
大規模的氣候變遷已經開始
⑲

氣候變遷將對世界經濟造成莫大損失

自然災害所造成的經濟損失

全球規模的氣候變遷可以預見將會帶來各式各樣的問題，並且對於世界經濟也會造成重大打擊。現今已經以我們看得見的形式顯現出來的，便是由自然災害所造成的經濟損失。

右方地圖是依國別標示出1998年至2017年為止的20年間，各國因自然災害所造成的損失金額。一般認為，除了地震以外，大多數類型的災害都是異常氣象所引起的，損失金額由高至低依序是豪雨、洪水、乾旱、森林火災與極端氣溫（異常高溫或異常低溫）。

這20年之間的損失總額，就算扣除地震的部分，仍超過2兆美元。以國家來看，占居前幾名的分別是：颱風與森林火災持續增加的美國、洪水連連的中國，以及原本就自然災害頻仍的日本。

相較於1978年至1997年為止的20年間，自然災害所造成的經濟損失增加了一倍，而且暖化仍在持續，今後應該還會繼續增加。

因熱應力而生產力低落

氣候變遷所造成的經濟損失不光是自然災害引起的。國際勞工組織在2019年發表的報告書中發出了警告：酷暑對人類身體造成的熱應力將會降低勞動生產率。該報告書指出，假設到這個世紀末為止能把溫升控制在1.5℃之內，在2030年之前，全球勞動時間會減少2.2％，失業人口達8,000萬人，經濟損失將攀升至2兆4,000億美元。

農業、建築業、運輸業與觀光業等，這些涉及戶外作業的行業所面臨的風險應該會特別高。

全世界已經因為日益加劇的自然災害而蒙受巨大的經濟損失

美國
944.8

墨西哥
46.5

波多黎各
71.7

全球損失總額
高達**2兆9100**億美元
這數字是前**20**年間
（1978-1997）的**2**倍

倘若今後
未能採取
有效對策
來避免暖化

有許多全球性企業已經預測到氣候變遷所帶來的風險，並不斷尋找避險之策。比如，加強國內外設施的防災作業以預防自然災害，或是為了抑制暖化而改採不會排放CO_2的能源或運輸等，雖說能採用的方法不少，卻都得要投入新的費用。

氣候變遷所造成的損失，再加上為了因應氣候變遷所需付出的費用，企業將承受沉重的負擔，對世界經濟造成的影響不可估量。

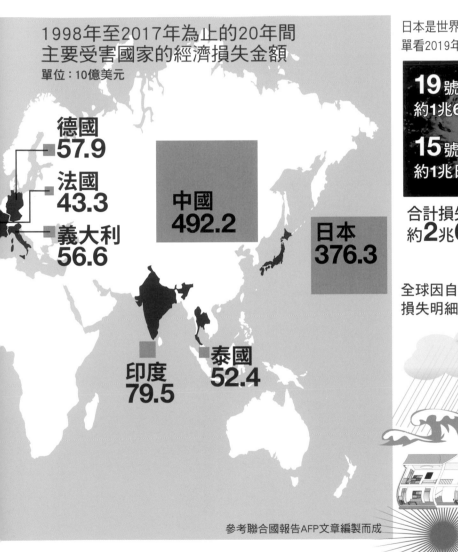

1998年至2017年為止的20年間
主要受害國家的經濟損失金額
單位：10億美元

德國
57.9

法國
43.3

義大利
56.6

中國
492.2

日本
376.3

印度
79.5

泰國
52.4

參考聯合國報告AFP文章編製而成

預計到了2030年，
全球將產生高達
250兆日圓的經濟損失，
再之後則難以預測

日本是世界數一數二的自然災害國
單看2019年颱風造成的損失

19 號颱風
約1兆6000億日圓

15 號颱風
約1兆日圓

合計損失了
約2兆6000億日圓

全球因自然災害所引起的
損失明細

豪雨
1.33兆美元

洪水
6560億美元

地震
6610億美元

乾旱
1240億美元

森林大火
680億美元

極端氣候
610億美元

Part 4
人類現在所能做的事 ①

聯合國永續發展目標 SDGs所揭示的氣候變遷對策

世界在2030年之前應該做的事

　　聯合國的193個會員國於2015年通過了「2030年永續發展的議程（行動目

目標
1 終結各地
一切形式的貧窮

目標
2 終結飢餓，
確保糧食穩定
並改善營養狀態，
同時推動永續農業

目標
3 確保各年齡層
人人都享有健康的生活，
並推動其福祉

目標
4 確保有教無類、公平
以及高品質的教育，
及提倡終身學習

目標
5 實現性別平等，
並賦權所有的
女性與女童

目標
6 確保人人都享有
水與衛生，
並做好永續管理

目標
7 確保人人都享有
負擔得起、可靠且
永續的近代能源

聯合國在 2030 年前要達

1 消除貧窮

2 終止飢餓

3 良好健康與福祉

7 可負擔的乾淨能源

8 優質工作與經濟成長

9 工業、創新與基礎建設

13 氣候行動

14 海洋生態

15 陸域生態

目標
8 推動兼容並蓄且永續的經濟成長，
達到全面且有生產力的就業，
確保全民享有優質就業機會

目標
9 完善堅韌的基礎設施，
推動兼容並蓄且永續的產業化，
同時擴大創新

標）」，提出如下所示的17項「永續發展目標（SDGs）」，志在2030年前達成。

其中第13項目標即為對氣候變遷採取對策。具體來說，是以減緩氣候變遷（減碳等）與適應氣候變遷為目標，設定了以下幾項指標：

❶ 所有國家都須具備應對氣候變遷所帶來的災害與自然災害的能力。

❷ 將氣候變遷的對策納入國家的政策、戰略與計畫之中。

❸ 改善因應氣候變遷的教育、啟蒙、人的能力以及制度的運作。

除此之外，這些指標中還含括「為了協助開發中國家而正式啟動綠能氣候基金，支援當地的能力開發」。世界各國已經為了達成聯合國所揭示的這些目標而展開跨國界的合作。

成的永續發展目標 SDGs

4 優質教育

5 性別平等

6 潔淨飲水與衛生設施

10 減少不平等

11 永續鄉鎮

12 負責的生產與消費

16 和平、正義與健全制度

17 永續發展夥伴關係

圖片素材來源：聯合國教科文組織

| 目標 12 | 確保永續的消費與生產模式 |

| 目標 13 | **採取緊急措施以因應氣候變遷及其影響** |

| 目標 14 | 以永續發展為目標，保育並以永續的形式來利用海洋與海洋資源 |

| 目標 15 | 推動陸上生態系統的保護、恢復與永續利用，確保森林的永續管理與沙漠化的因應之策，防止土地劣化並加以復原，並阻止生物多樣性消失 |

| 目標 10 | 導正國家內部與國家之間的不平等 |

| 目標 16 | 以永續發展為目標，推動和平且包容的社會，為所有人提供司法管道，並建立一套適用所有階級、有效、負責且兼容並蓄的制度 |

| 目標 11 | 打造包容、安全、堅韌且永續的都市與鄉村 |

| 目標 17 | 以永續發展為目標，加強執行手段，並促進全球夥伴關係 |

世界各國通過暖化對策《巴黎協定》的過程

全世界為減碳而付諸行動

菲拉赫會議是首場與地球暖化相關的世界會議，於1985年召開。1988年成立了「政府間氣候變遷專門委員會（IPCC）」，開始發表奠基於科學數據的報告書，之後的世界政策皆受到其影響。

1992年，以減少造成氣候變遷的溫室氣體為目標，通過了《聯合國氣候變遷綱要公約》；1997年，在日本京都召開的會議中簽署了《京都議定書》，這是為了制定至2020年為止的減碳目標所擬定的綱要。然而，適用對象僅限於已開發國家，中國與印度等新興國家被排除在外，因此美國表明了

在1960～1970年代　　全球寒冷化理論是一種常識

由於地球地軸的變動

地球正逐漸走向冰期

《TIME》與《Newsweek》等雜誌都對此推出了大篇幅的特輯

沒有科學數據佐證的全球寒冷化理論漸漸成為常識

1896年
首度有人指出地球暖化的現象

如果CO₂增加一倍，氣溫就會上升5～6℃

斯萬特‧阿瑞尼斯
(1859-1927)
瑞典化學家。
憑藉電解質的研究獲得諾貝爾化學獎。
在晚年研究中指出地球暖化的現象

大家持續無視暖化理論

這個時期開始為了環境汙染問題的研究而持續調查CO₂

自1980年代中葉起聯合國開始採取行動

世界氣象組織
WMO

聯合國環境署
UNEP

1988年
政府間氣候變遷專門委員會
IPCC成立

此為匯集世界各地氣象相關學術報告並加以評估的專業機構

地球持續暖化

1985年
菲拉赫會議是世界首場暖化學術會議

暖化問題首度受到關注

1979年
美國國家科學院發表了查尼報告

到了21世紀，CO₂會增加一倍，氣溫將上升1.5～4.5℃

JAPAN

不參加。碳排放量最多的美國與中國皆未加入，這樣的條約迫切需要重新審視。

世界各國皆參與的《巴黎協定》

在此之前，說到氣候變遷的對策，都是以減碳為主，不過因為《京都議定書》一事而掀起了熱烈的討論：支援已遭受氣候變遷影響的開發中國家應該列為對策之一，且無論碳排放量多寡，所有國家都應該參加等等。

世界各國皆參與的《巴黎協定》就此

通過，並於2016年生效。全世界統一了步調，皆朝著「將溫升控制在比工業革命前高不到2℃，並盡量控制在1.5℃之內」的目標邁進。然而，美國總統川普卻突然在2017年宣布要退出。美國多個對此持反對意見的州政府立即成立了「美國氣候聯盟」，表明會遵守《巴黎協定》的承諾。

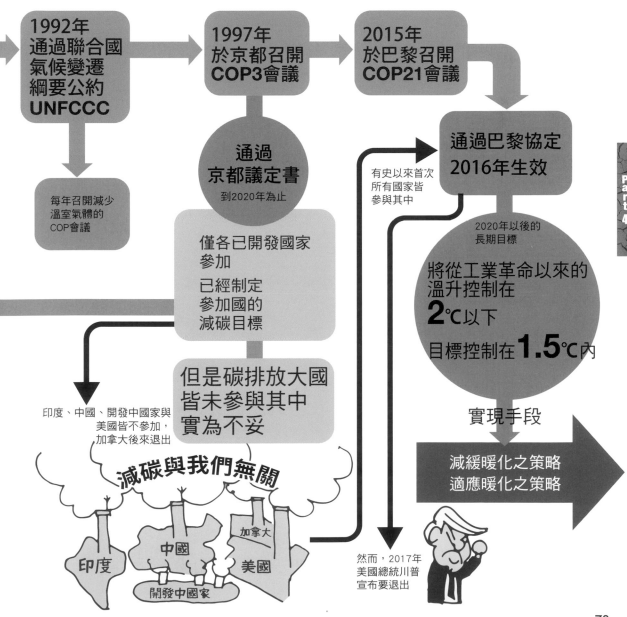

1992年通過聯合國氣候變遷綱要公約UNFCCC

每年召開減少溫室氣體的COP會議

1997年於京都召開COP3會議

通過京都議定書
到2020年為止

僅各已開發國家參加
已經制定參加國的減碳目標

但是碳排放大國皆未參與其中實為不妥

印度、中國、開發中國家與美國皆不參加，加拿大後來退出

減碳與我們無關

印度　中國　加拿大　美國　開發中國家

2015年於巴黎召開COP21會議

有史以來首次所有國家皆參與其中

通過巴黎協定2016年生效

2020年以後的長期目標
將從工業革命以來的溫升控制在2℃以下
目標控制在1.5℃內

實現手段

減緩暖化之策略
適應暖化之策略

然而，2017年美國總統川普宣布要退出

Part4

爲了達成溫升1.5°C內的目標，世界各國現在應該做的事

減少溫室氣體的減緩策略

SDGs與《巴黎協定》旨在對氣候變遷做出應對之策，如今各國已經開始認真執行。氣候變遷對策有「減緩」與「調適」兩大主軸，期望兩者能相輔相成，產生更大的效果。

所謂氣候變遷的「減緩」，是指抑制地球再繼續這樣暖化下去。《巴黎協定》所揭示的長期目標是，將地球的平均溫升控制在「比工業革命前高不到2℃，並盡量控制在1.5℃之內」，為此「21世紀後半葉必須使實質溫室氣體排放量淨零」。

所謂的淨零，意指減少溫室氣體排放量

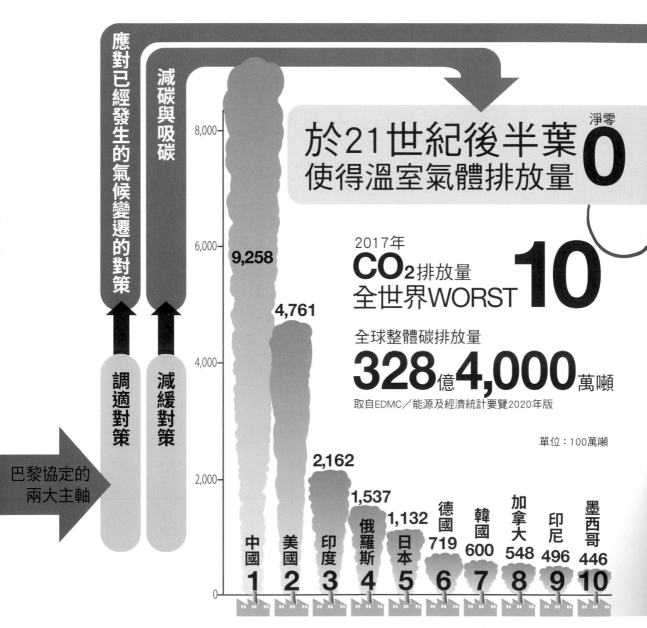

應對已經發生的氣候變遷的對策

減碳與吸碳

於21世紀後半葉使得溫室氣體排放量 淨零 0

2017年
CO$_2$排放量
全世界WORST 10

全球整體碳排放量
328億4,000萬噸

取自EDMC／能源及經濟統計要覽2020年版

單位：100萬噸

巴黎協定的兩大主軸

調適對策

減緩對策

中國 1	美國 2	印度 3	俄羅斯 4	日本 5	德國 6	韓國 7	加拿大 8	印尼 9	墨西哥 10
9,258	4,761	2,162	1,537	1,132	719	600	548	496	446

的同時，還要增加森林等對溫室氣體的吸收量，使其相抵後為零。為此，轉換成不會產生溫室氣體的替代能源等的減碳措施，以及恢復遭人類破壞的森林等的吸碳措施，皆已同步進行中。

因應新氣候的調適策略

另一方面，所謂氣候變遷的「調適」，是指做好準備來應對已經發生的氣候變遷所帶來的影響。

其中一個具體例子便是，預防或減輕豪雨、洪水、森林火災等起因於氣候變遷的災害。尤其是像吐瓦魯這種島國，已經因為海平面上升而面臨淹沒危機，更是迫切需要採取應對措施。此外，位於乾旱期間愈來愈長的乾燥地帶的諸多國家，則必須確保水資源，並完善農業專用的灌溉設施。要致力於解決這些問題，國際支援也是必不可少的。

相輔相成

水災防治對策　因應水環境變化引起的缺水問題　整頓灌溉系統　海平面上升損害對策　保護生態系統等

Part4

溫室氣體是
從何處產生的？

生活中產生的CO₂

追根究柢起來，溫室氣體究竟是從何處排出的呢？

占溫室氣體約65％的二氧化碳（CO_2）是燃燒化石燃料（煤炭、石油、天然氣）所產生。主要是源自於火力發電廠、工廠與汽車等，而從中受益的便是我們人類。只要使用電、煤氣與煤油，或是搭乘汽車、巴士與電車等，就會排放出CO_2。我們如今的生活都是透過排放CO_2支撐起來的。

溫室效應強的甲烷與氯氟烴

甲烷的排放量雖然沒有CO_2那麼多，但

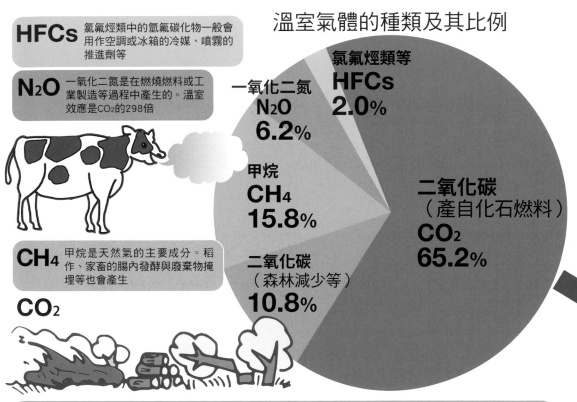

HFCs 氯氟烴類中的氫氟碳化物一般會用作空調或冰箱的冷媒、噴霧的推進劑等

N₂O 一氧化二氮是在燃燒燃料或工業製造等過程中產生的。溫室效應是CO_2的298倍

CH₄ 甲烷是天然氣的主要成分。稻作、家畜的腸內發酵與廢棄物掩埋等也會產生

CO₂

溫室氣體的種類及其比例

氯氟烴類等
HFCs
2.0%

一氧化二氮
N₂O
6.2%

甲烷
CH₄
15.8%

二氧化碳
（森林減少等）
10.8%

二氧化碳
（產自化石燃料）
CO₂
65.2%

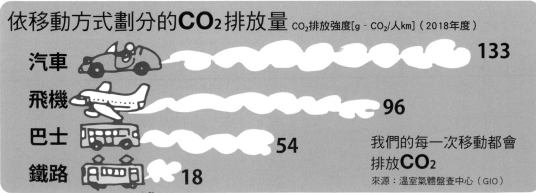

依移動方式劃分的CO₂排放量 CO₂排放強度[g - CO₂/人km]（2018年度）

汽車 **133**

飛機 **96**

巴士 **54**

鐵路 **18**

我們的每一次移動都會排放**CO₂**

來源：溫室氣體盤查中心（GIO）

所造成的溫室效應卻是CO₂的25倍左右。甲烷主要是源自於農業領域。甲烷在溼地比較容易生成，因此會出現在日本及其他亞洲地區常見的稻田中。另一方面，在經營著大規模酪農業的美國等地，牛隻打嗝已然成為一大問題。據說牛隻在反芻食物的過程中所產生的甲烷，1天高達160～320公升。

氯氟烴類比甲烷可造成更強勁的溫室效應，這是一種不存在於自然界的人工物質，一般用來作為冰箱或空調的冷媒，或是噴霧罐的推噴劑等。在1980年代，氯氟烴類被視為破壞臭氧層（可守護地球免受紫外線危害）的物質而引發爭議，如今主要是使用被稱為「氯氟烴替代品」的氫氟碳化物（HFC）。HFC不會破壞臭氧層，但是造成的溫室效應卻是CO₂的1430倍之多。

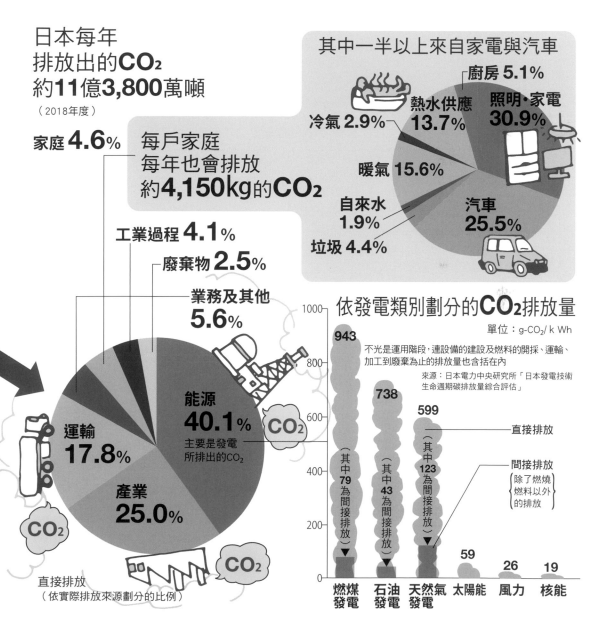

日本每年排放出的CO₂約11億3,800萬噸
（2018年度）

家庭 **4.6**%

每戶家庭每年也會排放約**4,150kg**的CO₂

工業過程 **4.1**%

廢棄物 **2.5**%

業務及其他 **5.6**%

能源 **40.1**%
主要是發電所排出的CO₂

運輸 **17.8**%

產業 **25.0**%

直接排放
（依實際排放來源劃分的比例）

其中一半以上來自家電與汽車

廚房 5.1%
冷氣 2.9%
熱水供應 **13.7**%
照明・家電 **30.9**%
暖氣 15.6%
自來水 1.9%
垃圾 4.4%
汽車 **25.5**%

依發電類別劃分的CO₂排放量
單位：g-CO₂/kWh

不光是運用階段，連設備的建設及燃料的開採、運輸、加工到廢棄為止的排放量也含括在內

來源：日本電力中央研究所「日本發電技術生命週期碳排放量綜合評估」

直接排放

間接排放
（除了燃燒燃料以外的排放）

燃煤發電 943（其中79為間接排放）
石油發電 738（其中43為間接排放）
天然氣發電 599（其中123為間接排放）
太陽能 59
風力 26
核能 19

世界各國正以在2050年前實現脫碳社會為目標

轉換成可再生能源

到了21世紀後半葉，世界各地已經開始為了將溫室氣體的排放量淨零而付諸行動。以下即為實現零排放（zero emission）的具體對策。

在排放最多CO_2的發電領域中，正在從化石燃料轉換成太陽能、風力、中小型水力、地熱與生物質等可再生能源。尤其是歐洲，正致力於「去碳化」，可再生能源在發電中所占的比例，丹麥已經達到約8成、瑞典約6成，連德國也占了近5成。

此外，碳排放量較多的鋼鐵、水泥、化學與紙漿這4大產業，以及汽車、飛機與船

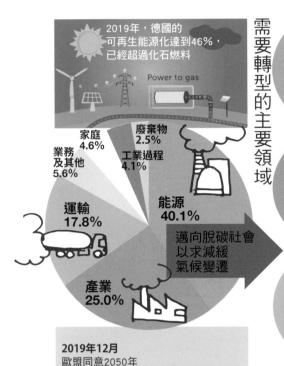

2019年，德國的可再生能源化達到46%，已經超過化石燃料

Power to gas

家庭 4.6%
業務及其他 5.6%
廢棄物 2.5%
工業過程 4.1%
運輸 17.8%
能源 40.1%
產業 25.0%

邁向脫碳社會以求減緩氣候變遷

2019年12月
歐盟同意2050年達成CO_2零排放目標

2040年預測
全球60%的食用肉會是人造肉。2023年人造肉的市場規模將達到1,500億日圓

2019年
美國重量級金融機構高盛宣布將減少對於燃煤發電事業與採掘煤炭事業的融資

2020年1月
歐盟為培育可再生能源事業，在未來10年預計投入120兆日圓以上的資金

需要轉型的主要領域

電力能源的轉型

從煤炭與石油 → 非化石能源

產業結構的轉型

4大排碳產業的結構轉型

占整體產業的 **70%**

鋼鐵業　水泥　化學　紙漿

運輸手段與系統的轉型

從汽油引擎轉換成電動馬達

農林水產業與糧食生產的轉型

減少甲烷的排放與無肉社會

牛肉是碳足跡最高的食物

歐美盛行去碳化，開始競相開發人造肉

國際金融產業投資的轉型

全球的金融資本正在流往去碳化事業

國際金融資本

舶等運輸相關產業，也開始以去碳為目標而採取各式各樣的對策。

金融界也開始投資去碳

農業領域也開始重新審視牛肉的生產，因其過程會大量產生強效溫室氣體之一的甲烷。目前已開始投入可抑制甲烷生成的飼料開發、不易產生甲烷的牛隻品種改良，甚至是培養牛細胞的人造肉開發。

此外，支撐著產業的金融業也開始明確展現出支持去碳的態度。積極支援可再生能源的相關事業，不再融資給化石燃料中碳排放量最多的燃煤發電，這已經是全球金融業的常識。因此，沒有採取暖化對策的企業正迫切需要轉型以求生存。

太陽能發電　風力發電　地熱發電　潮汐發電　中小型水力發電　核能發電？

世界的對策已經大轉彎，朝著可再生能源前進。日本情況如何呢？

在製造程序中減少 CO_2 的技術革新

逐漸改用非化石燃料的熱能

提升碳循環

提升能源網

氫能源的可能性

長距離移動搭乘大眾運輸的電車

從擁有汽車到共享汽車

短距離移動時不搭乘飛機

也有人批判此為「飛行之恥」

氫能車將是終極環保車？

 H_2O

在農山漁村活用可再生能源並減少溫室氣體

提升針對土壤與植物的碳捕集及封存技術

邁向零排放的農林水產業

化石燃料相關事業

消費者意識的轉變

道德消費行動愈來愈普遍

推動綠色金融

投資　可再生能源產業

在2050年前將溫室氣體的排放淨零

與世界背道而馳，日本的能源解決方案在於「水」？

依賴燃煤發電的日本

　　當全球紛紛以去碳化為目標，日本的能源政策卻與世界背道而馳，故而飽受批判。下方圖表即為日本用於發電的能源明細。在2017年的實際成果中，化石燃料約占整體的8成，其中大部分都是仰賴進口。不僅如此，CO_2排放量最多的燃煤發電還高達3成以上，且今後預計還會進一步增設燃煤發電廠。

　　遠離煤炭是現今的趨勢，已開發國家中唯有日本至今仍在推動燃煤發電，難怪會遭到譴責。

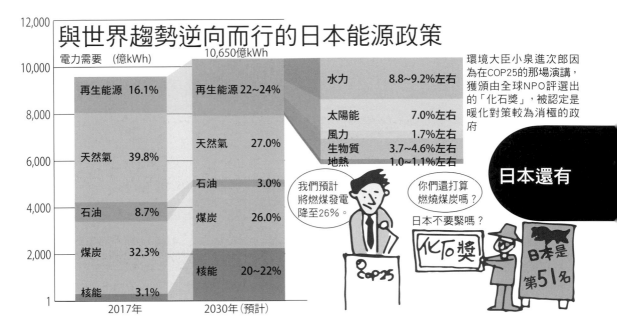

與世界趨勢逆向而行的日本能源政策

電力需要　（億kWh）

	2017年	2030年（預計）10,650億kWh
再生能源	16.1%	22~24%
天然氣	39.8%	27.0%
石油	8.7%	3.0%
煤炭	32.3%	26.0%
核能	3.1%	20~22%

再生能源22~24%細項：
水力 8.8~9.2%左右
太陽能 7.0%左右
風力 1.7%左右
生物質 3.7~4.6%左右
地熱 1.0~1.1%左右

環境大臣小泉進次郎因為在COP25的那場演講，獲頒由全球NPO評選出的「化石獎」，被認定是暖化對策較為消極的政府

我們預計將燃煤發電降至26%。

你們還打算燃燒煤炭嗎？
日本不要緊嗎？

日本還有

哪一種未來能源最具優勢？

　　日本已提出「在2030年之前將發電所用的化石燃料比例降至56%」的目標，並試圖提高可再生能源的使用率。

　　其中備受期待的便是氫能源。除了以水電解的方式來製氫外，還有下水道汙泥、家畜排泄物等生物質，或是一般稱為褐炭的低品質煤炭等，也可以從中獲取氫氣。只要利用可再生能源來提供製氫過程中所需要的電力，也有可能實現零碳排。

　　此外，還有一項日本研發的技術備受矚目，即成功以人工方式重現了植物光合作用的人工光合作用。利用陽光從水與CO_2中製造出氫氣與有機化合物，即可藉此產出新的綠色能源，故此項技術被期待能盡早實用化。

　　不僅如此，農村與山村如今已不再使用傳統水力發電用的大型水壩，而是由低成本即可發電的中小型水力發電來發揮作用。「水」或許可以說是日本次世代能源的關鍵字。

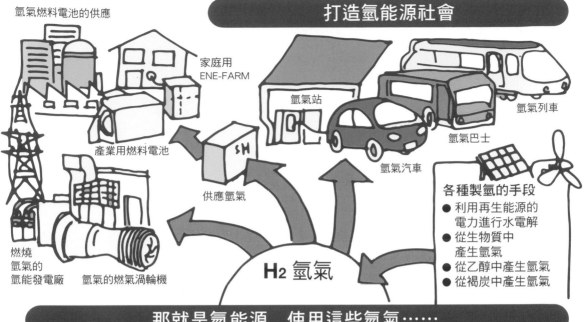

打造氫能源社會

氫氣燃料電池的供應

家庭用 ENE-FARM

產業用燃料電池

氫氣站

氫氣汽車

氫氣巴士

氫氣列車

燃燒氫氣的氫能發電廠　氫氣的燃氣渦輪機

供應氫氣

H₂ 氫氣

各種製氫的手段
● 利用再生能源的電力進行水電解
● 從生物質中產生氫氣
● 從乙醇中產生氫氣
● 從褐炭中產生氫氣

那就是氫能源　使用這些氫氣……

另一項能源政策

利用水來製氫

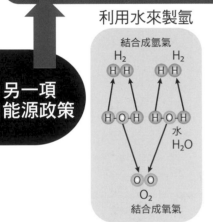

結合成氫氣
H_2　H_2
H H　H H

H-O-H　H-O-H
水 H_2O

O O
O_2
結合成氧氣

利用氫氣來發電

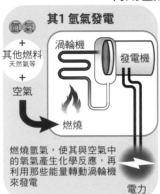

其1 氫氣發電

氫氣
+
其他燃料 天然氣等
+
空氣

渦輪機　發電機

燃燒

電力

燃燒氫氣，使其與空氣中的氧氣產生化學反應，再利用那些能量轉動渦輪機來發電

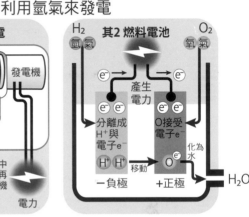

H_2 氫氣　**其2 燃料電池**　O_2 氧氣

e^-　e^-
產生電力
e^- e^-　e^- e^-

分離成 H^+ 與電子 e^-
H^+ H^+ 移動

O接受電子 e^-
O^{e^-}
化為水

一負極　+正極

H_2O

Part4

利用水的人工光合作用來製氫

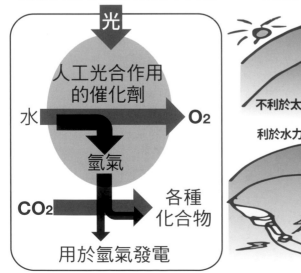

光

人工光合作用的催化劑

水　　O_2

氫氣

CO_2　各種化合物

用於氫氣發電

活用日本山區所具備的水力發電潛能

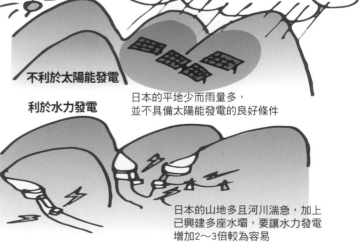

不利於太陽能發電

日本的平地少而雨量多，並不具備太陽能發電的良好條件

利於水力發電

日本的山地多且河川湍急，加上已興建多座水壩，要讓水力發電增加2～3倍較為容易

Part 4
人類現在所能做的事
⑦

零碳的綠色環保汽車
將改變我們的生活

動力從汽油轉換成電力

　　日本的碳排放量中，汽車占了將近2成。汽油車是以汽油或柴油等石油作為燃料，藉由引擎燃燒汽油進而奔馳，所以會排放出CO_2。因此，如今都會建議使用碳排放量較少的環保車。

　　現在的環保車都搭載著能量轉換效率比引擎還要高的電動馬達。如果是引擎與馬達並用的油電混合動力車，碳排放量約為汽油車的65％。如果是在油電混合動力車上加裝外部充電功能的插電式混合動力車，以電力奔馳的過程中，碳排放量為零。若是再進階的電動車，光靠儲存於電池中的電力便可

CO_2 排放量比較

汽油引擎　汽油

汽油引擎車　設定此款為基準100

汽油引擎

馬達　電池　汽油

油電混合動力車為 65

美國創造出
以車子為中心的生活型態

最終通往大量生產與大量消費的
超級市場

以車子為移動前提的社會基礎設施

要去哪裡都是自由的

該是時候結束這種
由美國人創造出來的
移動與消費型態了

高齡照護公寓

地區遠距診所

運行，所以行駛中完全不會排出CO_2。

　　然而，如果環保車所使用的電力是以化石燃料產生的，便意味著在發電廠就會排放CO_2，所以使用可再生能源來作為電力較為理想。

靠氫氣奔馳的最新環保車

　　使用氫氣的燃料電池汽車被視為終極環保車而備受期待，這種汽車是透過氫氣與氧氣的化學反應所產生的電力來驅動馬達，所以只會排出水，碳排放量為零。只要配置為

車輛提供氫氣的氫氣站，應該也是有可能實現氫氣社會。

　　無論是哪一種環保車，在製造與報廢階段都會用到電力，所以不可能完全不會排出CO_2，不過有些製造商會在工廠導入可再生能源等，試圖藉此來減碳。

汽油引擎 / **馬達** / **電池** / **汽油**

插電式混合動力車為 37（充電時）

馬達 / **電池**

電動車為 1~37

以上的碳排放量比較中，不光是行駛中所排放的CO_2，連提煉或運送燃料時所排出的CO_2都含括在內

馬達 / **空氣** / **燃料電池** / **氫氣**

最後是終極環保車：氫氣燃料電池車

CO_2 排放量接近0？

若以化石燃料製氫就會排放出CO_2。但如果是再生能源則碳排放量為0

生活會因為氫能車而改變!?

RAILWAY

氫氣巴士 / 氫氣站

社區衛星辦公室

在社區內以自行車移動

人工光合作用製氫廠

地區氫氣發電廠

生物質製氫廠

社區氫能車（自動駕駛）

Part 4 人類現在所能做的事 ⑧

CCS技術可回收並儲存無法減少的CO_2

將CO_2封存於地底

回收已排放的CO_2，使其正負相抵——從這種思維中因應而生的，便是所謂的「碳捕集與封存（CCS）」技術。

這種技術是從火力發電廠或製鐵廠等處排出而含碳濃度高的廢氣中，將CO_2分離並收集起來，再封存於地底或海底。此外，將回收的CO_2作為資源再利用的「碳捕集、利用與封存（CCUS）」技術也備受矚目。此項技術在世界各地已經進入實用階段，而日本也正在進行概念驗證。然而，CO_2的回收、運送與儲存需要龐大的能源與成本，而且無法排除CO_2將來外洩的可能性，目前仍有許

日本的微妙立場

多待解決的難題。

為了保護產業的一時之策

推動CCS是為了實現《巴黎協定》的「1.5℃目標」，必須盡可能減少大氣中的CO_2，同時也是為了保護現有的產業。

目前仍依賴燃煤發電的日本之所以對導入CCS相當積極，也是為了繼續使用燃煤發電。此外，開發中國家主要是以價格便宜的煤炭來發電，經濟上並無餘裕如已開發國家般轉換成可再生能源。

說起來，CCS只是讓已排出的CO_2消失，稱不上是真的減少CO_2的排放。導入CCS並不意味著可以任意排放CO_2，終究只能將其視為一種實現去碳化之前的過渡技術。

回收二氧化碳的機制

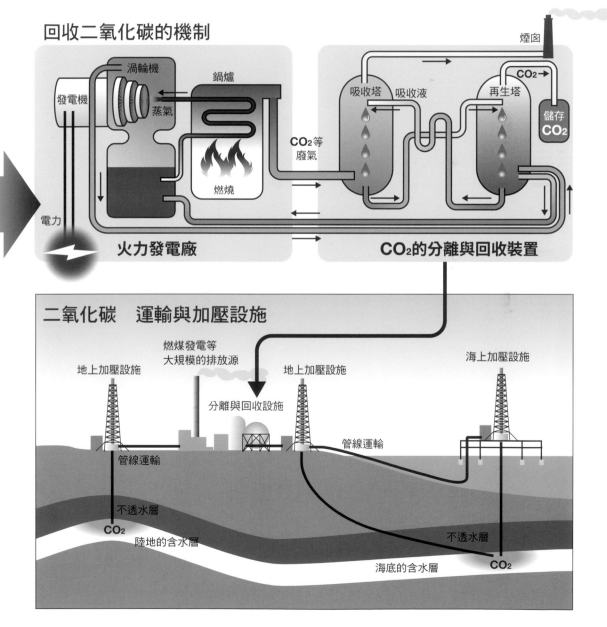

煙囪
渦輪機　鍋爐
發電機
蒸氣
CO_2
吸收塔　吸收液　再生塔
儲存 CO_2
CO_2等廢氣
燃燒
電力
火力發電廠
CO_2的分離與回收裝置

二氧化碳　運輸與加壓設施

燃煤發電等大規模的排放源
地上加壓設施
地上加壓設施
海上加壓設施
分離與回收設施
管線運輸
管線運輸
不透水層
CO_2
陸地的含水層
不透水層
海底的含水層
CO_2

守護可謂碳儲藏庫的森林與海洋，增加 CO₂ 的吸收量

恢復可吸收 CO₂ 的森林

暖化對策有 2 種方法，分別是抑制 CO₂ 的排放與吸收大氣中的 CO₂。上一節所提到的 CCS 是種以人工方式回收 CO₂ 的技術，不過回收 CO₂ 最有效率的，是自然界。正如在 p22～23 所看到的，植物會吸收大氣中的 CO₂ 並儲存碳，吃下這些植物的動物則會經由呼吸吐出 CO₂。自然界便是透過這樣的碳循環，維持著排出的 CO₂ 與吸收的 CO₂ 之間的平衡。

然而，人類將森林轉為農地來使用，並不斷取用木柴與木材，導致吸收 CO₂ 的森林持續減少。2010 年至 2015 年期間，全世

日本的森林與大海所吸收的**CO₂**量
預測2030年的最大值

單位：萬t／年

793 農地土壤	2,780 森林	910 海洋等

124 都市綠地　　　數據取自藍碳研究會的資料

地球自行回收的**CO₂**會被森林與海洋所吸收，統稱為綠碳

有時還會進一步區分，
海洋所吸收的為藍碳，
相對的，
森林所吸收的則為綠碳

綠碳

試著以杉樹來觀察樹木的吸收量

由杉樹 **23** 棵所吸收

1個人透過呼吸所排出的CO₂，每年約為**320kg**

由森林所吸收

CO₂的吸收機制 p22-23

藍碳

海邊的生態系統會持續吸收並儲存**CO₂**

由海洋生態系所吸收

界每年平均損失多達330萬公頃的森林。因此，目前正在推動的活動便是透過植樹造林來恢復森林，試圖提高CO2的吸收量。

海洋所積存的藍碳

在自然界中由生物所吸收並儲存的碳即稱為「綠碳」。聯合國環境規劃署（UNEP）將其中由海洋生物所吸收並儲存的碳取名為「藍碳」，並於2009年發表了一份報告書。從此，藍碳便以CO2的吸收源之姿備受關注。

海藻與海草的群落、紅樹林與潮間帶泥灘等處的吸碳量特別多。四面環海的日本正好位於可活用藍碳的絕佳環境之中。根據專家的研究，只要打造培育海草或海藻的地方並適當管理，到了2030年，預估每年最多可以吸收910萬噸的CO2，被寄予很高的期待。

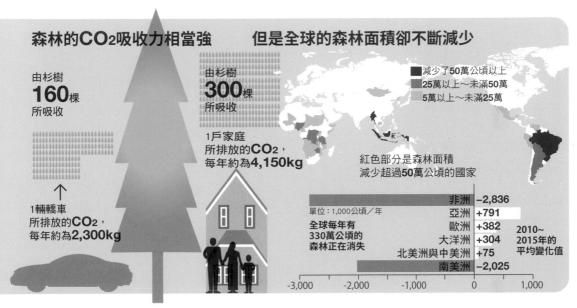

森林的CO2吸收力相當強　但是全球的森林面積卻不斷減少

由杉樹 **160**棵 所吸收

由杉樹 **300**棵 所吸收

1戶家庭所排放的CO2，每年約為4,150kg

1輛轎車所排放的CO2，每年約為2,300kg

■ 減少了50萬公頃以上
■ 25萬以上～未滿50萬
■ 5萬以上～未滿25萬

紅色部分是森林面積減少超過50萬公頃的國家

單位:1,000公頃／年

全球每年有330萬公頃的森林正在消失

非洲	−2,836
亞洲	+791
歐洲	+382
大洋洲	+304
北美洲與中美洲	+75
南美洲	−2,025

2010～2015年的平均變化值

-3,000　-2,000　-1,000　0　1,000

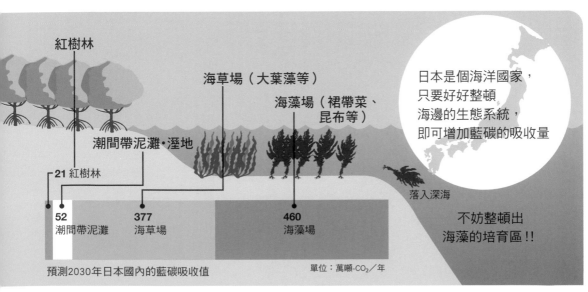

紅樹林

海草場（大葉藻等）

海藻場（裙帶菜、昆布等）

潮間帶泥灘·溼地

日本是個海洋國家，只要好好整頓海邊的生態系統，即可增加藍碳的吸收量

落入深海

21 紅樹林

52 潮間帶泥灘

377 海草場

460 海藻場

不妨整頓出海藻的培育區!!

預測2030年日本國內的藍碳吸收值

單位：萬噸-CO2／年

碳足跡有助於促進企業致力減碳

將溫室氣體數值化

溫室氣體是肉眼看不見的，所以很難感受得到。於是我們以肉眼可見的形式來加以顯示，即為「碳足跡（Carbon footprint）」。

無論是什麼樣的產品，從原料的取得到生產、流通、使用乃至廢棄為止，大部分的過程中都會排放出溫室氣體。所謂的碳足跡，便是將產品整個生命週期中所排出的各種溫室氣體量換算成 CO_2 的排放量，再以數字來表示。

令人意外的是，食品占了全球溫室氣體排放量的 4 分之 1。尤其是牛肉與乳製品，飼養家畜所耗費的能源與其反芻食物所排出

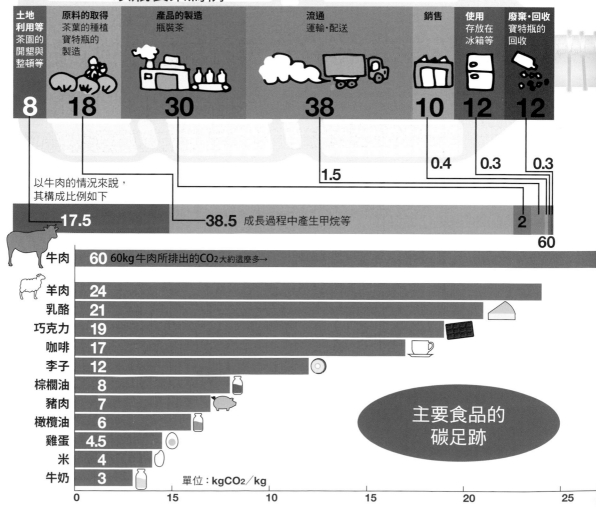

碳足跡的細節

將某樣商品在其整個生命週期中所排出的溫室氣體量加總後，換算成 CO_2 的排放量

以瓶裝茶為例

土地利用等 茶園的開墾與整頓等	原料的取得 茶葉的種植 寶特瓶的製造	產品的製造 瓶裝茶	流通 運輸・配送	銷售	使用 存放在冰箱等	廢棄・回收 寶特瓶的回收
8	18	30	38	10	12	12

以牛肉的情況來說，其構成比例如下

| 17.5 | 38.5 成長過程中產生甲烷等 | | | 1.5 | 0.4 | 0.3 | 2 | 0.3 |

60

主要食品的碳足跡

食品	數值
牛肉	60 — 60kg牛肉所排出的 CO_2 大約這麼多→
羊肉	24
乳酪	21
巧克力	19
咖啡	17
李子	12
棕櫚油	8
豬肉	7
橄欖油	6
雞蛋	4.5
米	4
牛奶	3

單位：kgCO2／kg

0   15   10   15   20   25

的甲烷量都很可觀，因此在食品中的碳足跡格外地高。

致力減碳成為企業的評價標準

如此一來，只要了解產品的碳足跡，企業會比較容易投入減碳。如今以歐洲為中心的一些國家正在推動公布產品的碳足跡，許多企業都開始投入開發碳排放量更少的產品。日本也已經開始採取對策，比如將工廠所使用的電力轉換成可再生能源，運輸方面則改用鐵路或船運來取代卡車等。此外，

也有愈來愈多企業採用「碳補償（Carbon offset）」的策略，即透過植樹造林活動等來抵銷無論如何都無法減少的CO2。

執行暖化對策如今漸漸成為企業的一項社會義務。

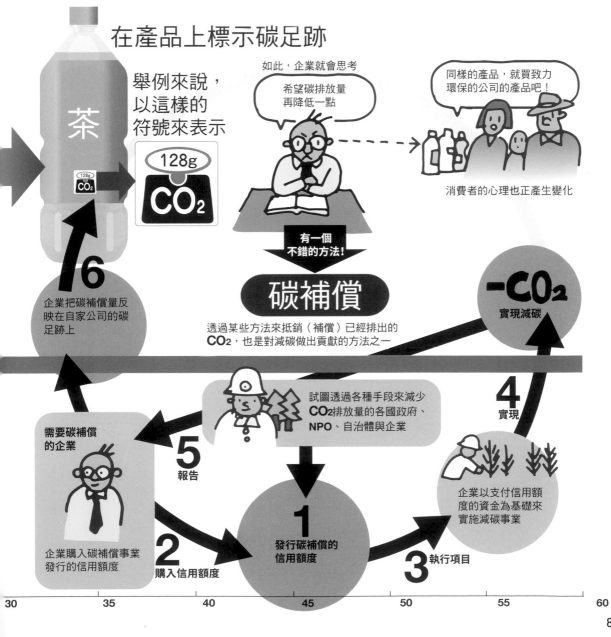

在產品上標示碳足跡

舉例來說，以這樣的符號來表示

128g CO2

如此，企業就會思考
希望碳排放量再降低一點

同樣的產品，就買致力環保的公司的產品吧！

消費者的心理也正產生變化

有一個不錯的方法！

碳補償

透過某些方法來抵銷（補償）已經排出的 CO2，也是對減碳做出貢獻的方法之一

6 企業把碳補償量反映在自家公司的碳足跡上

-CO2 實現減碳

試圖透過各種手段來減少 CO2 排放量的各國政府、NPO、自治體與企業

4 實現

企業以支付信用額度的資金為基礎來實施減碳事業

需要碳補償的企業

5 報告

企業購入碳補償事業發行的信用額度

2 購入信用額度

1 發行碳補償的信用額度

3 執行項目

Part 4

89

爲了減少CO₂，我們可以採取的行動

家中的減碳對策從節電開始

日本國內有14.6％的碳排放量是來自家庭。這個數字出乎意料地多且令人心驚，不過這是可以透過我們每個人的用心而使其下降的。

日本每年人均碳排放量約為1920kg。

其中由於使用電力而產生的CO₂就占了將近一半。

一開始先確認看看自己家裡每個月大約使用多少電。節電便是減碳的第一步。不妨從做得到的地方開始著手，比如隨手關燈、調整冷暖氣的設定溫度、使用節能型家電產品等。隨著電業自由化，有愈來愈多電力公

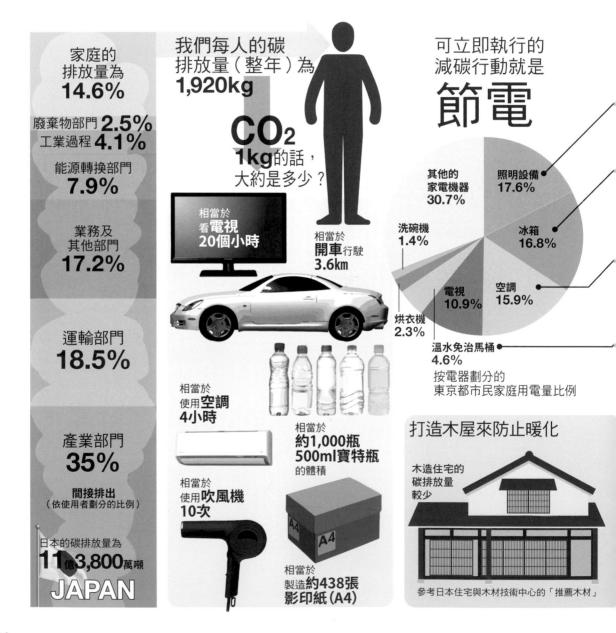

家庭的排放量為 **14.6%**

廢棄物部門 **2.5%**
工業過程 **4.1%**

能源轉換部門 **7.9%**

業務及其他部門 **17.2%**

運輸部門 **18.5%**

產業部門 **35%**

間接排出
（依使用者劃分的比例）

日本的碳排放量為 **11億3,800萬噸**
JAPAN

我們每人的碳排放量（整年）為 **1,920kg**

CO₂ **1kg**的話，大約是多少？

相當於看**電視** **20個小時**

相當於**開車**行駛 **3.6km**

相當於使用**空調** **4小時**

相當於約**1,000瓶500ml寶特瓶**的體積

相當於使用**吹風機** **10次**

相當於製造約**438張影印紙(A4)**

可立即執行的減碳行動就是

節電

其他的家電機器 **30.7%**

照明設備 **17.6%**

冰箱 **16.8%**

空調 **15.9%**

溫水免治馬桶 **4.6%**

電視 **10.9%**

烘衣機 **2.3%**

洗碗機 **1.4%**

按電器劃分的東京都市民家庭用電量比例

打造木屋來防止暖化

木造住宅的碳排放量較少

參考日本住宅與木材技術中心的「推薦木材」

司開始供應以可再生能源所產生的電力，不妨也評估看看。此外，上下水道的設備、垃圾的焚燒與回收等也會耗電，所以節約用水或垃圾減量也等同於減碳。

挑選產品時把 CO_2 列入考量

不光是減少電力、瓦斯、煤油、汽油等的使用量，意識到碳足跡這種肉眼看不到的 CO_2 來挑選商品或服務也是很重要的。

比方說，同樣是蔬菜，選擇露天栽培的當季產品而不是耗電的溫室栽培、選擇當地的產品而不是消耗燃料從遠方運來的產品，較能減少碳排放量。此外，只要積極使用致力於減碳的企業的產品或服務，企業應該會對暖化對策付出更多努力。為了挽救未來的氣候，如今是時候好好重新審視我們這種便利的生活方式了。

照明設備
將白熾燈換成LED燈　　　　　**45kg**
減少使用日光燈1個小時　　　**2.2kg**

冰箱與電熱水壺
配合季節來設定溫度　　　　**30.2kg**
設置時與牆壁保持適當間隔　**22.1kg**
熱水瓶不要長時間保溫　　　**52.6kg**

空調・暖氣
將冷氣的室溫設定為28℃　　**14.8kg**
勤加清洗濾網　　　　　　　**15.6kg**
將暖氣的室溫設定為20℃　　　**26kg**

浴室・廁所
隨手關掉蓮蓬頭　　　　　　**27.8kg**
為浴缸加上蓋板　　　　　　**38.2kg**

以上是整年度的數值
資料來源《家庭節能手冊2018》
取自東京都地球暖化防止活動推進中心

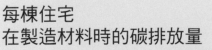

每棟住宅
在製造材料時的碳排放量

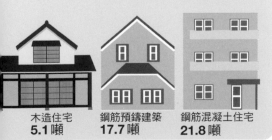

木造住宅
5.1噸

鋼筋預鑄建築
17.7噸

鋼筋混凝土住宅
21.8噸

我們從現在起
必須執行的另一件事是？

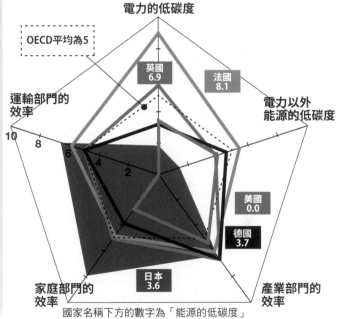

OECD平均為5

電力的低碳度

運輸部門的效率

電力以外能源的低碳度

家庭部門的效率

產業部門的效率

英國 6.9
法國 8.1
美國 0.0
德國 3.7
日本 3.6

國家名稱下方的數字為「能源的低碳度」
10代表效率最佳，平均為5

2016年主要國家 CO_2 排放要因之分析與比較
資料取自日本資源能源廳的網站

日本的問題在於，發電事業等能源供給企業的低碳化水準遠遠不如其他國家。即便家庭・產業與運輸部門的效率皆已達到全球最高水準，卻因為這些部門在低碳度的落後導致日本的評價下滑

我們現在所能做的，
便是對供應電力等能源的企業
提出推動事業低碳化的要求

Part 4

在疫後的世界裡，
是否會萌生全新的經濟學？

2020年5月，當新型冠狀病毒來勢洶洶而世界各地的都市都相繼封鎖時，新聞播報了一則稍微明快的消息。不但中國傳出「原本空汙嚴重的天空變得清澈許多！」的消息，連印度20年來都看不到的喜馬拉雅山山影也浮現在新德里的藍天之中。全球碳排放量比前一年少了17%的消息也傳了開來。

光是人類稍微停止產業活動，大氣就能獲得如此大幅度的改善。全世界的人們因傳染病的威脅而提心吊膽，卻在這一瞬間獲得舒緩。然而，人們很快就意識到這片藍天的真正含意。全世界約有超過1000萬人染疫且已逾50萬人死亡（截至2020年6月30日為止），在面臨性命危機的情況下，人們終於停止了產業活動，結果換來的是這片藍天。

新型冠狀病毒的全球大流行讓我們的生活產生巨變。世界各地都有人表示，疫前的生活已經一去不復返；也有人呼籲，不妨藉此機會打造一個疫後的新社會秩序。

然而，這些聲音卻漏掉了一個重大事項。我們還是得回歸到溫室氣體造成持續暖化的世界。在那個世界裡，應該追求產業活動的持續性減速，而不只是暫時性停止。

格蕾塔在新冠疫情爆發前不久的1月曾在第50屆世界經濟論壇上發表演說，美國財政部長梅努欽卻嘲諷地說：「她應該上大學學一下經濟學。」然而，氣候變遷正是他們所信奉的那套「經濟學」所引起的。既然如此，格蕾塔根本沒必要學習那種錯誤的經濟學。明眼人都知道，必須重新學習經濟學的是梅努欽先生，以及那些把自身利益擺在地球危機之前的大人們。

參 考 文 獻

《「地球システム」を科学する》（伊勢武史著，BERET出版）

《シミュレート・ジ・アース　未来を予測する地球科学》（河宮未知生著，BERET出版）

《Newton 別冊 この真実を知るために 地球温暖化》（西岡秀三監修，Newton Press）

《絵でわかる地球温暖化》（渡部雅浩著，講談社）

《Newton 別冊 みるみる理解できる 天気と気象》（Newton Press）

《地球を「売り物」にする人たち》（McKenzie Funk著，鑽石社）

《世界史を変えた異常気象 エルニーニョから歴史を読み解く》（田家康著，日本經濟新聞出版社）

《地球に住めなくなる日「気候崩壊」の避けられない真実》（David Wallace-Wells著，NHK出版）
※繁體中文版：《氣候緊急時代來了：從經濟海嘯到瘟疫爆發，認清12大氣候風險與新生存模式》天下雜誌

《日本の国家戦略「水素エネルギー」で飛躍するビジネス》（西脇文男著，東洋經濟新報社）

《2050年の技術　英「エコノミスト」誌は予測する》（英《經濟學人》編輯部著，文藝春秋）

《水の世界地図》（Maggie Black、Jannet King著，沖大幹監譯，丸善）

《気候カジノ 経済学から見た地球温暖化問題の最適解》（William Nordhaus著，日經BP社）
※繁體中文版：《氣候賭局：延緩氣候變遷vs.風險與不確定性，經濟學能拿全球暖化怎麼辦？》寶鼎

《水の未来》（Fred Pearce著，日經BP社）

《温暖化の世界地図》（Kirstin Dow、Thomas Downing著，丸善）
※繁體中文版：《氣候變遷地圖》聯經出版

《地球温暖化図鑑》（布村明彦、松尾一郎、垣内ユカ里著，文溪堂）

參 考 網 站

IPCC ● https://archive.ipcc.ch/

國際聯合宣傳中心● https://www.unic.or.jp/

日本環境省● http://www.env.go.jp/

日本氣象廳● https://www.jma.go.jp/

日本經濟產業省・資源能源廳
　● https://www.enecho.meti.go.jp/

國立環境研究所　地球環境研究中心
　● http://cger.nies.go.jp/ja/

國立研究開發法人 海洋研究開發機構
　● http://www.jamstec.go.jp/j/

全國地球暖化防止活動推進中心
　● https://www.jccca.org/

聯合國 UNHCR 協會● https://www.japanforunhcr.org

日本 UNICEF 協會● https://www.unicef.or.jp/

東洋經濟 ONLINE ● https://toyokeizai.net

AFP BB NEWS ● https://www.afpbb.com

日本海洋事業株式會社● https://www.nmeweb.jp

理化學研究所 計算科學研究中心
　● https://www.r-ccs.riken.jp

一般財團法人日本遙測技術中心
　● https://www.restec.or.jp

JAXA 地球觀測研究中心
　● https://www.eorc.jaxa.jp/earthview

公益財團法人 日本極地研究振興會● http://kyokuchi.or.jp

日本財團 圖書館● https://nippon.zaidan.info

國際環境經濟研究所● http://ieei.or.jp

農研機構● http://www.naro.affrc.go.jp/index.html

藍碳研究會 （一般財團法人みなと總合研究財團）
　● http://www.wave.or.jp/bluecarbon/index.html

東京都地球暖化防止活動推進中心 （Cool Net 東京）
　● https://www.tokyo-co2down.jp/

國家地理● https://natgeo.nikkeibp.co.jp

WWF Japan ● https://www.wwf.or.jp

聯合國環境規劃署 (UNEP)● https://ourplanet.jp

BBC NEWS JAPAN ● https://www.bbc.com/japanese

REUTERS ● https://jp.reuters.com

Record China ● https://www.recordchina.co.jp

WORLD RESOURCES INSTITUTE
　● https://www.wri.org/our-work/topics

Esri ● https://www.esri.com/

Inside climate news ● https://insideclimatenews.org/news

ganas ● https://www.ganas.or.jp

WIRED ● https://wired.jp/nature/

EL BORDE ● https://www.nomura.co.jp/el_borde

FoE Japan ● https://www.foejapan.org/climate

swissinfo.ch ● https://www.swissinfo.ch

Global News View ● https://globalnewsview.org

WORLD ECONOMIC FORUM ● https://jp.weforum.org

Smart Japan ● https://www.itmedia.co.jp/smartjapan

Tech Factory ● https://wp.techfactory.itmedia.co.jp

THE WORLD BANK ● https://www.worldbank.org

Our World in Date ● https://ourworldindata.org/

Flood Maps ● http://flood.firetree.net/

索 引

InfoVisual 研究所・著

以代表大嶋賢洋為中心的多名編輯、設計與CG人員，從2007年開始編輯、製作並出版了無數視覺內容。主要的作品有《插畫圖解伊斯蘭世界》（暫譯，日東書院本社）、《超圖解 最淺顯易懂的基督教入門》（暫譯，東洋經濟新報社），還有「圖解學習」系列的《圖解人類大歷史》（漫遊者文化）、《從14歲開始學習 金錢說明書》、《從14歲開始認識AI》、《從14歲開始學習 天皇與皇室入門》、《從14歲開始了解人類腦科學的現在與未來》、《從14歲開始學習地政學》、《從14歲開始了解塑膠與環境問題》、《從14歲開始了解水與環境問題》（暫譯，皆為太田出版）等。

大嶋賢洋的圖解頻道
YouTube（※ 影片皆為日文無字幕版本）
https://www.youtube.com/channel/UCHlqlNCSUiwz985o6KbAyqw
Twitter
@oshimazukai

企劃・結構・執筆	大嶋 賢洋
	豊田 菜穗子
插畫・圖版製作	高田 寬務
插畫	二都呂 太郎
DTP	玉地 玲子
校對	鷗来堂

ZUKAI DE WAKARU 14SAI KARA SHIRU KIKOU HENDOU
© Info Visual Laboratory 2020
Originally published in Japan in 2020 by OHTA PUBLISHING COMPANY, TOKYO.
Traditional Chinese translation rights arranged with OHTA PUBLISHING COMPANY.,
TOKYO, through TOHAN CORPORATION, TOKYO.

SDGs 系列講堂 全球氣候變遷
從氣候異常到永續發展目標，謀求未來世代的出路

2022 年 3 月 1 日初版第一刷發行
2024 年 9 月 1 日初版第四刷發行

著　　者	InfoVisual 研究所
譯　　者	童小芳
副 主 編	劉皓如
美術編輯	黃瀞瑢
發 行 人	若森稔雄
發 行 所	台灣東販股份有限公司
	＜地址＞台北市南京東路 4 段 130 號 2F-1
	＜電話＞（02）2577-8878
	＜傳真＞（02）2577-8896
	＜網址＞https://www.tohan.com.tw
郵撥帳號	1405049-4
法律顧問	蕭雄淋律師
總 經 銷	聯合發行股份有限公司
	＜電話＞（02）2917-8022

國家圖書館出版品預行編目（CIP）資料

SDGs系列講堂 全球氣候變遷：從氣候異常到永續發展目標，謀求未來世代的出路 / InfoVisual研究所著；童小芳譯. -- 初版. -- 臺北市：臺灣東販股份有限公司, 2022.03
96 面；18.2×25.7 公分
譯自：図解でわかる 14 歳から知る気候変動
ISBN 978-626-329-116-4（平裝）

1.CST: 全球氣候變遷 2.CST: 永續發展

328.8　　　　　　　　　　111000587